全国高等院校计算机教育规划教材

计算机网络技术与应用
实验指导

朱小明　孙　波　王　兵　张冬慧　主　编
肖永康　肖　融　曾宇胸　赵慧勤　副主编

U0264823

中国铁道出版社
CHINA RAILWAY PUBLISHING HOUSE

内 容 简 介

本书作为网络技术与应用的实验配套教材，全书由 34 个精心设计的实验组成。其内容涵盖了局域网的综合布线、网络的结构与协议、服务器的配置与管理、路由器的配置与管理、交换机的配置与管理、网页的设计与制作和防火墙设置。书中实验的设计具有较强的可操作性，所选实验对实验环境要求较低，以便于实现。计算机网络专业是一个实验性很强的工程专业，读者可以通过本书掌握计算机网络的基本原理，通过实验提高自己处理实际问题的能力。

本书适合作为高等学校计算机专业教材，也可以作为其他学科公共课的教材，还可以作为网络工程师的培训教材。

图书在版编目（CIP）数据

计算机网络技术与应用实验指导/朱小明等主编
. —北京：中国铁道出版社，2011.2
全国高等院校计算机教育规划教材
ISBN 978-7-113-12423-6

Ⅰ.①计…　Ⅱ.①朱…　Ⅲ.①计算机网络—师范大学—教学参考资料　Ⅳ.①TP393

中国版本图书馆 CIP 数据核字（2010）第 259738 号

书　　名：计算机网络技术与应用实验指导	
作　　者：朱小明　孙　波　王　兵　张冬慧　主编	
策划编辑：沈　洁	
责任编辑：杜　鹃	读者热线电话：400 – 668 – 0820
编辑助理：王　婷	
封面设计：付　巍	封面制作：白　雪
责任印制：李　佳	

出版发行：中国铁道出版社（北京市宣武区右安门西街 8 号　邮政编码：100054）
印　　刷：河北新华第二印刷有限责任公司
版　　次：2011 年 2 月第 1 版　　　　2011 年 2 月第 1 次印刷
开　　本：787mm×1092mm　　1/16　　印张：10.25　　字数：374 千
印　　数：3 000 册
书　　号：ISBN 978-7-113-12423-6
定　　价：18.00 元

版权所有　侵权必究

凡购买铁道版图书，如有印制质量问题，请与本社计算机图书批销部联系调换。

全国高等院校计算机教育规划教材

主　任： 沈复兴

副主任： 胡金柱　　焦金生　　严晓舟

委　员：（按姓氏笔画排序）

王建国　　叶俊民　　朱小明

刘美凤　　孙　波　　曲建民

李雁玲　　别荣芳　　邹显春

沈　洁　　罗运伦　　秦绪好

詹国华

编审委员会

　　2007 年，国务院办公厅转发了教育部等部门关于《教育部直属师范大学师范生免费教育实施办法（试行）》的通知，国务院决定在教育部直属师范大学实行师范生免费教育。采取这一重大举措，就是要进一步形成尊师重教的浓厚氛围，让教育成为全社会最受尊重的事业；就是要培养大批优秀的教师；就是要提倡教育家办学，鼓励更多的优秀青年终身做教育工作者。全国高等院校计算机基础教育研究会编制的《中国高等院校计算机基础教育课程体系 2008》中，将计算机基础教育分为理工、农林、医药、财经、文史哲法教、艺术和师范共七大类，将师范类计算机基础教育作为其中的一个重要类别。此处所指的师范类，是指全国各院校（包含师范和非师范院校）中的师范专业，即培养师范生的各个专业。

　　师范教育也就是教师教育，各学科学生不仅要掌握学科教学的知识和技能，也应该掌握学科教学中必须用到的计算机应用技能，需要具备应用计算机进行教学改革的能力。师范生计算机基础教育的教学目标是：

　　（1）掌握计算机基本技能，提高自身的信息技术素养，并培养终身学习信息技术的能力。

　　（2）掌握现代教学的思想和方法，具备应用现代信息技术整合学科教学的能力。

　　（3）具备运用多媒体技术将各种教学资源制作成高质量的课件，并将其创造性地运用到学科教学之中的能力。

　　（4）具备独立或合作创建有特色的教学资源库，创建精品课程的能力。

　　这些教学目标，强调了计算机基本技能在教学中的重要性，注重培养学生学习、应用计算机基本技能的能力与应用信息技术进行学科教学改革的能力。达到这一目标，并不是降低计算机基础理论知识和基本技能水平，而是更偏重教师教学设计的科学性、合理性和一定的示范性。因此，针对师范生的教材应采用案例教学，强调实践和应用；教学以学生为主，注重研究性学习、探索性学习；激发学生学习的主动性、积极性和创造性。

　　为配合《中国高等院校计算机基础教育课程体系 2008》中关于师范类教育教学改革思想的落实，紧跟目前广大师范类院校计算机基础和计算机专业教育的改革与发展，满足师范生计算机基础教育的目标，中国铁道出版社联合诸多师范院校专家组成编委会共同研讨并编写了这套"全国高等师范类院校计算机教育规划教材"。

　　本套教材根据《中国高等院校计算机基础教育课程体系 2008》中提出的师范类课程体系设计选题，丛书编委会本着服务师生、服务社会的原则，将"面向应用"作为立足点，结合师范生计算机基础教育培养目标和各学科的特点，以突出实践和操作的原则来组织内容，将培养创造性思维的思想贯穿教材之中，以提高信息素养为目标，培养学生提出问题、收集信息、分析整理、加工处理、交流信息的能力；引导学生发现信息资源、新技巧、新技术，并灵活运用，提高学生的学习能力和创新能力。本套教材"面向学科、突出实践"，彰显师范教育的特色，并与实际学科相结合，对师范类学生计算机能力的培养有着重要的作用。

本套教材配有丰富的电子课件、程序代码、实验指导等教学资源，便于教师组织教学和实践，以及学生培养创造性学习能力，是全国各院校师范专业学生的理想教材。同时，我们相信非师范专业的教师、学生和从事与信息技术有关的工作人员，也可以采用本套教材作为教材或参考书。希望选用本套教材的师生都能够从中受益！

　　本书的出版得到了中国铁道出版社的大力支持，在此表示由衷的感谢。由于我们水平的限制，这套教材中可能存在不尽如人意的疏漏和问题，希望使用的教师和学生指出，以利再版时修订。

沈复兴

2010 年 11 月

前言

计算机网络实验课程是一门理论性和实践性都非常强的课程。作为学生，必须深入理解和掌握计算机网络知识的相关概念、理论、协议等，然后结合大量的网络实践，才能真正掌握；作为教师，必须把计算机网络相关的理论知识做细致的整理，以通俗易懂的方式，展现给学生，然后设计一系列网络实验来验证一些理论，从而帮助学生真正地掌握计算机网络知识。

但是，目前的大多数计算机网络书籍偏重于纯理论介绍，让人感觉到网络理论和协议标准等是抽象的、难以实践的东西；大多数计算机网络实验书籍又以应用层的学习为主，比如各种网络应用软件的使用、各种服务器的配置等，实际上因为设备的缺乏和硬件及软件环境的限制，很多实验无法实现。因此，学习者尽管每天都可能在熟练地利用网络进行工作、学习和娱乐，但是无法将他们熟悉的网络行为同支撑这些行为的网络理论知识、协议知识相关联。

本实验教材是《计算机网络技术与应用》的配套教材，全书共 34 个精选实验，最后还设计了一个综合实验。这些实验涵盖了局域网的综合布线、网络的结构与协议、服务器的配置与管理、路由器的配置与管理、交换机的配置与管理、网页的设计与制作和防火墙设置。通过这些实验把计算机网络中几乎所有的应用技术都联系起来，让学生通过做实验学会这些技术。为了便于学习，我们在书中还配有习题并附有答案。本书可以作为高等学校计算机专业教材，也可以作为其他学科公共课的教材。还可以作为网络工程师的培训教材，本书不但适用于本科生，也可以作为研究生的实验教材。

为了保证实验的正确性，书中所有实验都经过验证。在写作过程中我们力求做到层次清楚、语言简洁流畅。限于编者的学术水平，加之时间仓促，在本书的选材、内容和安排上如有不妥与错误之处，恳请读者和同行批评指正。

编　者

2010 年 11 月

目 录

第一部分　实验指导

第二部分　习题及解答

第一部分　实验指导

实验一　对等网实验

一、实验目的

了解对等网的概念，熟练掌握文件、文件夹和硬件设备的共享方法；体会利用网络操作硬件和文件的过程。

二、实验内容与要求

实验中的每组使用 IP 网络 192.168.10.x/24 进行编址，机器 IP 分别配置为 192.168.10.x，子网掩码为 255.255.255.0，首先保证每组计算机具有 IP 连通性。每个同学在自己的计算机 D 盘上创建一个文件夹，将其命名为自己的名字，并将该文件夹设置为共享，在文件夹中建立一个名字为自己名字的.DOC 文件。本实验要做到每组中，每个同学将本组其他同学建立的文件复制到自己的机器中。组中一名同学的计算机连接打印机，并进行安装，其他同学将该打印机设置为网络打印机，实现打印、光驱的共享。

三、实验设备

两台已经互连的计算机。

四、实验步骤

1. 收集所使用的计算机的基本网络信息（可以使用不同的方法），填写下列表格：

网　络　信　息	内　　　　　容
IP 地址	
子网掩码	
网关	
DNS	
MAC 地址	
ID 号	
工作组	
网卡的型号	

2. 在使用的计算机 D 盘上，新建一个名为"开放文件夹"的文件夹，在计算机上选择一个图形文件、一个文档文件和一个 MP3 文件放入此文件夹。要求"开放文件夹"的内容能允许网上其他用户看见，但不允许其他用户增加、更改或删除其内容。

3. 使用"计算机管理"控制台。

（1）填写下列表格：

共 享 对 象	共 享 路 径	共 享 类 型

（2）创建共享文件夹 C:\temp。

4. 在网络中找到另一台计算机，共享其光驱。

5. 在 Windows XP 中设置共享文件夹：

（1）创建用户。选择"开始"→"设置"→"控制面板"命令，在"控制面板"中双击"用户账户"图标，弹出"用户账户"窗口，如图 1-1-1 所示。单击"创建一个新账户"超链接，在"用户账户"对话框中添加一个名为 bnu 的用户。

（2）设置共享文件夹。右击欲共享的文件或文件夹，在弹出的快捷键菜单中选择"属性"命令，在弹出的"属性"对话框中选择"共享"选项卡，如图 1-1-2 所示。

图 1-1-1   "用户账户"窗口

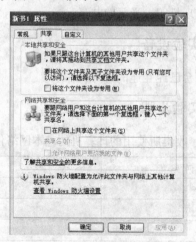

图 1-1-2   "共享"选项卡

在文件属性"共享"选项卡中，有"本地共享和安全"和"网络共享和安全"两个选项区域。"本地共享和安全"可以把文件设置成供本地共享的文件，"网络共享和安全"可以将文件设成网络共享的文件，供网络上的其他用户共享，如图 1-1-3 所示。

本次实验要求将所选文件设置成网络共享文件，并且允许网上其他用户更改。

6. 将"开放文件夹"映射成驱动器。

7. 建立共享打印机。

8. 建立共享光驱。

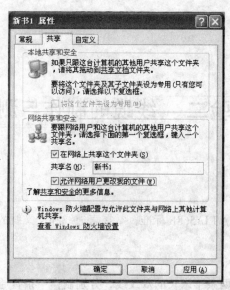

图 1-1-3 文件共享设置

9. 把计算机的 IP 地址改成 192.168.20.x，然后再看看以前设的共享是否还能使用，为什么？

10. 利用软件工具探测不同网段的 IP 地址。

五、实验结果与分析

1. 写出对本实验的心得和收获。

2. 实现网上邻居需要什么条件？

实验二 \ 线缆的制作与测试

一、实验目的

掌握 TIA/EIA568A 与 TIA/EIA568B 标准，掌握直通线和交叉线的制作和测试方法。

二、实验内容与要求

三个同学为一组，剪取两条半米长的双绞线，分别制作一条直通线和一条交叉线。

制作完成后，对线缆的长度、串扰、衰减进行测量。

三、实验设备

两台计算机、一个集线器或交换机、一个网线钳和一个测线器。

四、实验步骤

本次试验要求三个同学一组，其中两个同学做正线，一个同学做反线。并且相互测试所做的线的连通性。

1. 每人独自做一条网线，要求做正线或者反线。做正线的两端按照 T568B 标准，做反线的一端按照 T568B 标准，另一端按照 T568A 标准。每人一条网线，两个水晶头。

2. 按照标准做一条网线，将做好的网线用测线器检测。测试所做的线是否能正常连通。在这一过程中要学会网线钳和测线器的使用方法。

3. 用做好的网线进行互连，并且互相传输数据。

（1）用做好的正线通过互连设备相连。

（2）用做好的反线直接和另一台计算机相连，做点对点的连接。

T568A 标准如图 1-2-1 所示。

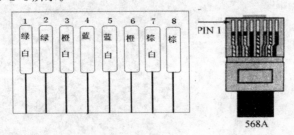

图 1-2-1 T568A 标准

T568B 标准如图 1-2-2 所示。

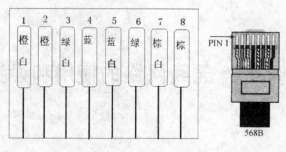

图 1-2-2 T568B 标准

当两台计算机相连时,需要将一条反线插入到两个计算机的网卡中,反线的一端应使用 T568A 标准,另一端则使用 T568B 标准。1 和 3、2 和 6 分别互换,1、2 用于发送信息,3、6 用于接收信息。

五、实验结果与分析

1. 写出对本实验的心得和收获。
2. 1、3 和 2、6 这两对线的作用是什么?

实验三　无线网络的使用和设置

一、实验目的

1. 掌握无线设备的配置方法。
2. 理解连接无线网络和有线网络的方式。

二、实验内容与要求

几个同学组成一个实验小组，配置无线路由器，使几台 PC 组成一个无线网络。IP 地址分别为 192.168.1.1 和 192.168.10.1 两个不同的网段，要实现一个图 1-3-1 所示的无线局域网。

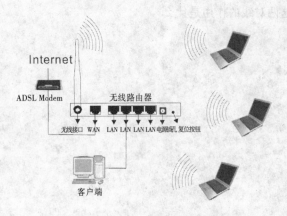

图 1-3-1　无线网的配置、连接图

三、实验设备

1. 无线路由器：1 台。
2. 直通双绞线：2 根。
3. PC：三台。
4. 无线网卡：2~3 块。
5. ADSL Modem：1 台。

四、实验步骤

1. 将互联网网线插入 Modem 的 DSL 口，Modem 的 LAN 口连接至无线路由器的 WAN 口端。
2. 将路由器初始化，使之成为出厂的原始状态。

3．连接客户机和无线路由器，即将计算机的网卡端口和无线路由器上的 4 个 LAN 端口中的任意一个 LAN 口连接。

4．查看计算机的 IP 地址和网关，并且记录下来。

5．重新设置计算机的 IP 地址，如设置为 192.168.1.2，或者把它设定为自动获取 IP 地址。

6．打开 IE 浏览器并且在地址栏输入地址 192.168.1.1，看到图 1-3-2 所示的对话框，分别在用户名和密码处输入默认的 admin。

7．进入到路由器设置界面，如图 1-3-3 所示。单击 SetupWizard 按钮，进入下一个设置界面，在这一界面中单击 Next 按钮，如图 1-3-4 所示。

图 1-3-2　无线路由器登录界面

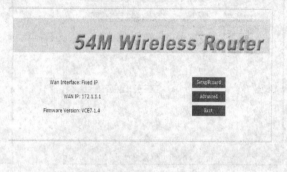
图 1-3-3　无线路由器设置界面

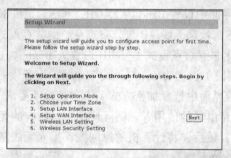
图 1-3-4　无线路由器初始设置界面

8．在图 1-3-5 中选择 Gateway 单选按钮，即网关。如果不需要使用路由功能，可以选择 Bridge 或 Wireless 单选按钮。然后单击 Next 按钮。时钟的选择在本实验环境下是可选的，建议在有互联网络的前提下使用 NTP 时间服务同步功能，本实验不勾选，在图 1-3-6 所示的对话框中单击 Next 按钮。

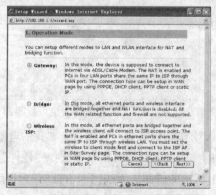
图 1-3-5　无线路由器网关设置界面

图 1-3-6　无线路由器时钟设置界面

9. 在图 1-3-7 所示的对话框中填上无线路由器的 IP 地址和子网掩码，IP 地址填 192.168.x.1，其中 x 为所在的组号，如果是第二组，那么所填的 IP 地址是 192.168.2.1。子网掩码填 255.255.255.0，然后单击 Next 按钮。

10. 在图 1-3-8 中，选择 Static IP（固定 IP）选项，填入与无线路由连接的那台计算机的 IP 地址、网关及子网掩码。在本实验中，网关是 192.168.10.254，DNS 是 202.112.80.106，IP 地址是 192.168.10.x，x 是计算机的编号。设置好以后单击 Next 按钮。

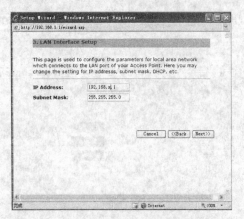
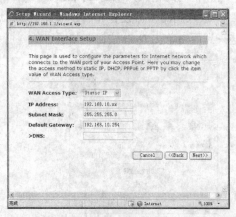

图 1-3-7　无线路由器网关 IP 地址设置界面　　　图 1-3-8　无线路由器 IP 地址设置界面

11. 在图 1-3-9 所示的界面中设置 Band 为 2.4GHz（802.11b 和 802.11g 兼容模式工作）；Mode（工作类型）设置为 AP+WDS，就是无线 AP 与分布式系统的共存模式；NetworkType（网络类型）设置为 Infrastructure（结构化非点对点模式）。SSID 设置为 Router，这个 ID 与无线网卡的连接属性对应；ChannelNumber（频段）设置为 6，与无线工作站的配置须一致，然后单击 Next 按钮。

12. 在图 1-3-10 所示的界面中选择加密方式（本次试验不要求）。有兴趣的同学可以自行设置加密方式，控制登录无线路由器的使用者。实际使用中，所有的无线路由器都应加以管理，否则路由器的安全就无法保障。最后，将计算机的原网线，插入无线路由器的 WAN 口。

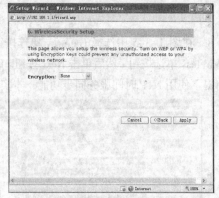

图 1-3-9　无线路由器基本设置界面　　　　图 1-3-10　无线路由器安全设置界面

13. 安装无线网卡，其过程如下：将无线网卡插入计算机 USB 口，然后右击"我的电脑"图标，在弹出的快捷菜单中选择"属性"命令，在弹出的"系统属性"对话框中选择"硬件"选项卡，然后单击"设备管理器"按钮，可看到图 1-3-11 所示的画面。无线网卡 RTL8187 上有黄色的惊叹号，说明没有装好。双击无线网卡然后选择更新驱动程序，此时会出现图 1-3-12 所示的画面。此时将装有驱动程序的光盘放入光驱，然后单击"下一步"按钮。

图 1-3-11 设备管理器

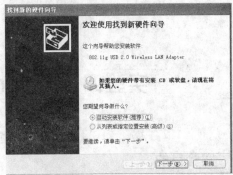

图 1-3-12 硬件安装向导

14. 当看到图 1-3-13 所示的画面时，选择最佳配置，即 802.11g USB2.0 无线网卡，然后单击"下一步"按钮。此后计算机会把相应的驱动程序装上，直到最后完成。此后可以双击"控制面板"中的"网络连接"图标来查看无线网卡的连接状况，如图 1-3-14 所示。此时无线网卡已经装好。

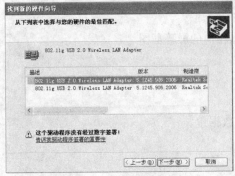

图 1-3-13 设备安装向导

图 1-3-14 无线网络连接状态

15. 给无线网卡分配一个合理的 IP 地址，让它和无线路由器连接好。可以选择无线路由器的 IP 地址作为无线网卡的网关，例如 192.168.5.1。设置一个合理的 IP 地址，例如 192.168.5.10，将 DNS 设置为 202.112.80.106。

16. 用 ipconfig 命令查看无线设备的配置情况，如图 1-3-15 所示，可以用 ping 命令检查设备的连接情况，如图 1-3-16 所示。

图 1-3-15 用 ipconfig 命令查看设备状况

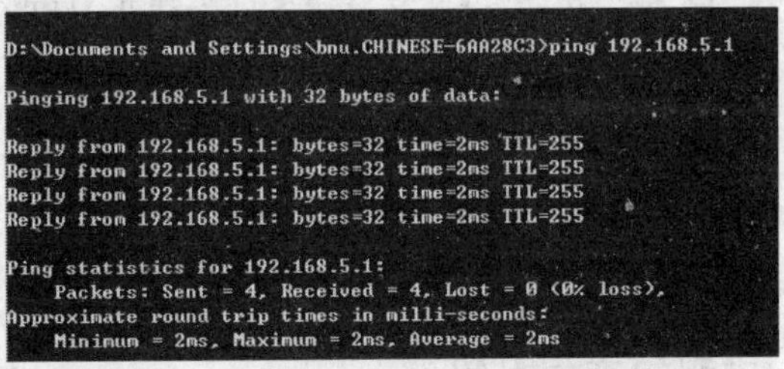

图 1-3-16 用 ping 命令查看连接状况

五、实验结果与分析

1. 写出对本实验的心得和收获。

2. 画出本次实验的原理图，标出各个设备所用的 IP 地址。

实验四 \ Ethereal、Sniffer 的使用

一、实验目的

1. 掌握 Ethereal、Sniffer 的使用。
2. 分析以太网帧结构。

二、实验内容与要求

1. 学习启动 Ethereal 和 Sniffer 的方法。
2. 学习捕获实验内容要求的相关数据包，给出相应的屏幕截图。
3. 了解以太网的帧结构及字段的含义。

三、实验步骤

1. 启动 Ethereal，设置其过滤条件为截获所有数据包。
2. 启动 IE 浏览器打开某网站。
3. 停止抓包。
4. 写出观察到的所有的协议。
5. 分别设置以下的过滤条件，以截获满足条件的数据包：

（1）所有 IP1 主机收到的和发出的所有的数据包。

（2）主机 IP1 和主机 IP2 或 IP3 通信的 IP 数据包。

（3）主机 IP1 和主机 IP2 之外所有主机通信的 IP 数据包。

（4）主机 IP1 接收或发出的端口为 nn 的数据包

6. 启动 Sniffer，设置其过滤条件为截获 HTTP 数据包。

7. 分析一条 HTTP 的数据包。写出其源 MAC 地址、目的 MAC 地址、类型、源 IP 地址、目的 IP 地址、源端口号及目的端口号信息。

8. 根据其目的 MAC 地址和源 MAC 地址及类型的值，上网查阅资料分析厂商名和厂商代码的对应关系。

四、实验结果与分析

1. 新建一个文档以简述实验步骤，要求给出各步的屏幕截图，存档并命名文件为"实验编号__姓名__学号__文档编号.doc"。

2. 写出对本实验的心得和收获。

实验五 ARP 实 验

一、实验目的

掌握 ARP 协议的理论知识，并通过截获 ARP 数据且分析之，达到深入理解 ARP 协议的目的。

二、实验环境

Windows XP/2003，SnifferPro（版本不限），局域网可用。

三、实验内容与要求

1. 学习 ARP 协议的理论知识。
2. 学习使用 ARP 命令。
3. 学会用抓包工具捕获 ARP 数据报文。
4. 分析 ARP 数据报文，深入理解 ARP 协议。

四、实验步骤

1. 练习 ARP 命令的使用（在 DOS 命令行状态）：
（1）ARP –a 查看缓存中的所有映射项目。
（2）ARP –d 删除缓存中的所有映射项目。
（3）ARP –d IP 删除某 IP 映射的项目。
（4）ARP –s IP MAC 向缓存输入一个静态项目。
2. 操作：
（1）清空本机 ARP 缓存。
```
C:\>arp -d
```
（2）启动 Sniffer，设置好 Capture Filter（只抓 ARP 包）后开始抓包（START）。
在 Sniffer 主界面选择 Capture->Define Filter 命令，出现 Define Filter 对话框,选择 Advanced 选项卡，勾选 ARP 协议，回到主界面单击 Start 按钮开始抓包。
（3）ping 局域网内某 IP 地址。
```
C:\>ping 192.168.1.152
```
（4）停止抓包。

五、实验结果与分析

1. 课堂检查是否成功捕获 ARP 数据报。

2. 新建一个文档，分别写出 ARP 数据报各字段值及其含义，要求尽可能详细，存档并将文件命名为"实验编号__姓名__学号__文档编号.doc"。

3. 写出对本实验的心得和收获。

实验六　IP 实验

一、实验目的

掌握 IP 协议的理论知识，并通过截获 IP 数据且分析之，深入理解 IP 数据报的首部各字段的含义和作用。

二、实验环境

Windows XP / 2003，　SnifferPro（版本不限），局域网可用。

三、实验内容与要求

1. 学习 IP 协议的理论知识。
2. 学会用抓包工具捕获 IP 数据报文。
3. 分析 IP 数据报文，深入理解 IP 协议。

四、实验步骤

1. 启动 Ethereal 或 Sniffer，设置好 Capture Filter，开始抓包。

在 Sniffer 主界面选择 Capture->Define filter 命令，出现 Define Filter 对话框,选择 Advanced 选项卡，勾选 IP 协议，回到主界面单击 Start 按钮开始抓包。

2. 启动 IE 浏览器，访问某网站。
3. 让 Sniffer 停止抓包，将结果以文档形式存盘，保存屏幕截图。
4. 分析一条 IP 数据报的 IP 头某字段值和含义。

例如，图 1-6-1 是 Sniffer 抓包的截图。

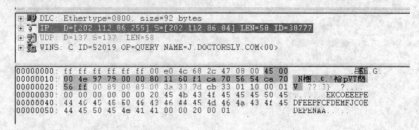

图 1-6-1　IP 数据抓包实例

分析一下此 IP 数据报的封装：以太网首部中"类型"字段的值为 0800，表明封装的是 IP 数据报。

图中灰色背景的 20 个字节即 IP 数据报的首部,下面详细分析该 IP 数据报首部的含义:

第 1、2 字节数值为 "45 00",表明版本号为 "4",即 IPv4 版本;首部长度为 5 个 32 位,即 20 个字节。

第 3、4 字节数据值为 "00 4e ",其十进制值为 78,表明该 IP 数据报总长度为 78 字节,减去 20 个字节的首部,即该 IP 数据报的数据内容长度为 58 字节。

第 5、6 字节数据值为 "97 79",其十进制值为 38777,表明该 IP 数据报的 ID 号为 38777。

第 7、8 字节数据值为 "00 00",可见其前 3 个 bit 为 "000",表明该 IP 数据报允许分片,这是最后一片;后 13 个 bit 全为 0,表明没有偏移量。

第 9 字节数据值为 "80",其十进制值为 128,表明该 IP 数据报的生存期为 128 秒。

第 10 字节数据值为 "11",其十进制值为 17,表明该 IP 数据报内封装的是 UDP 数据包。

第 11、12 字节数据值为 "60 f1",计算校验和,结果确认为正确的。

第 13、14、15、16 字节数据值为 "ca 70 56 54",分别对应的十进制数为 "202 112 86 84",表明该 IP 数据报的源地址为 202.112.86.84。

第 17、18、19、20 字节数据值为 "ca 70 56 ff",分别对应的十进制数为 "202 112 86 255",表明该 IP 数据报的目的地址为 202.112.86.255。

五、实验结果与分析

1. 查看是否成功捕获 IP 数据报,给出相应的屏幕截图。

2. 找一条 IP 数据报报文,仔细分析其封装和报文格式,分别写出各字段值及其含义,要求尽可能详细。

3. 回答问题:此数据报携带的 IP 数据部分共多少字节、使用何种协议?

4. 写出对本实验的心得和收获。

实验七　ICMP　实　验

一、实验目的

掌握 ICMP 协议的理论知识，并通过截获 ICMP 数据且分析之，深入理解 ICMP 数据报的首部各字段的含义和作用。

二、实验环境

Windows XP/2003，SnifferPro（版本不限），局域网可用。

三、实验内容与要求

1. 学习 ICMP 协议的理论知识。
2. 学会用抓包工具捕获 ICMP 数据报文。
3. 分析 ICMP 数据报文，深入理解 ICMP 协议。

四、实验步骤

1. 启动 Ethereal 或 Sniffer，设置好 Capture Filter 后开始抓包。

在 Sniffer 主界面选择 Capture->Define Filter 命令，出现 Define Filter 对话框,选择 Advanced 选项卡，勾选 IP->ICMP 协议，回到主界面单击 Start 按钮开始抓包。

2. 在 DOS 命令行状态执行 ping 命令，可以 ping 局域网内某 IP 地址，也可 ping 公网上某网址。

```
C:\>ping 192.168.1.152
```

3. 停止抓包，将结果以文档形式存盘，保存屏幕截图。

4. 仔细分析两种回显 ICMP 报文的封装和报文格式，分别写出各字段值及含义，要求尽可能详细（用 Word 文档保存）。

例如图 1-7-1 和图 1-7-2 是 Sniffer 抓包的截图，分别是回显请求报文和回显应答报文，下面详细分析图 1-7-1 回显请求 ICMP 报文的封装和格式。

该数据帧前 14 字节是以太网数据帧的首部，接着的 20 字节是 IP 数据报首部。观察 IP 数据报首部的第 10 字节，即协议字段，其数据值为 "01"，表明 IP 数据报里封装的是 ICMP 数据报。

在 IP 数据报首部后面紧接的是 8 字节的 ICMP 首部：

第 1 字节是类型字段，其数据值为 "08"，表明是回显请求 ICMP 数据报。

第 2 字节是代码，其数据值为 "00"。

第 3、4 字节是校验和字段，值为 "bf 5b"，经计算确认为 "正确" 的。

第 5、6 字节是标识符字段，值为"02 00"。

第 7、8 字节是序号字段，值为"8c 00"。

图 1-7-1　ICMP 协议的回显请求数据实例

图 1-7-2　ICMP 协议的回显应答数据实例

5. 比较四对回显请求和回显应答报文的标识字段和 ID 字段有什么关系。

6. 启动 Ethereal 或 Sniffer，设置好 Capture Filter 后开始抓包。

在 Sniffer 主界面选择 Capture->Define Filter 命令，出现 Define Filter 对话框,选 Advanced 选项卡，勾选 IP->ICMP 协议，回到主界面单击 Start 按钮开始抓包。

7. 在 DOS 命令行状态执行 tracert 命令，参数为公网上某网站。

    C:\>tracert www.sohu.com

8. 停止抓包，将结果以文档形式存盘，保存屏幕截图。

9. 仔细分析 ICMP 超时报文的封装和报文格式,分别写出各字段值及含义，要求尽可能详细。

例如，图 1-7-3 是 Sniffer 抓包的 ICMP 报文，下面分析其格式和封装：

该数据帧前 14 字节是以太网数据帧的首部，接着的 20 字节是 IP 数据报首部。观察 IP 数据报首部的第 10 字节，即协议字段，其数据值为"01"，表明 IP 数据报里封装的是 ICMP 数据报。

在 IP 数据报首部后面紧接的就是 8 个字节的 ICMP 首部：

第 1 字节是类型字段，其数据值为"0b"，即十进制的 11，表明是 ICMP 超时数据报。

第 2 字节是代码，其数据值为"00"。

第 3、4 字节是校验和字段，值为"f4 ff"，经计算确认为"正确"的。

第 5、6、7、8 字节未用，值全为 0。

首部后面的 ICMP 数据部分是原始数据的 IP 首部及前 8 字节的数据。

图 1-7-3　ICMP 协议的超时数据报实例

五、实验结果与分析

1. 查看是否成功捕获 ICMP 数据报，给出相应的屏幕截图。

2. 分析一条 ICMP 数据报的 IP 首部某字段的值和含义。

3. 新建一个文档，简述实验步骤，要求给出各步的屏幕截图，存档并命名文件为"实验编号__姓名__学号__文档编号.doc"。

4. 写出对本实验的心得和收获。

实验八 ＼ UDP 实 验

一、实验目的

掌握 UDP 协议的理论知识，理解 UDP 数据报的首部各字段的含义和作用，深入理解 IP 分片问题。

二、实验环境

Windows XP / 2003， SnifferPro（版本不限），局域网可用。

三、实验内容与要求

1. 学习 UDP 协议的理论知识。
2. 学会发送和接收 UDP 数据报的工具 ttcpw 的使用。
3. 学会用抓包工具捕获 UDP 数据报文。
4. 分析 UDP 数据报文，深入理解 UDP 协议及 IP 分片。

四、实验步骤

1. ttcpw 工具的使用：

（1）两终端都复制 ttcpw.exe 文件即可，不用安装。

（2）此软件须在 DOS 模式下使用。

（3）一端启动接收模式，用命令"D:\ttcpw> ttcpw –r –s"进入接收模式。

（4）另一端启动发送模式，用命令"D:\ttcpw> ttcpw –t –s –n1000 33.191.2.142"进入发送模式。其中–n 参数后跟发包多少，此例为 1000（ip 地址就是启动接收模式的终端的 ip 地址）。

2. 在两台主机上分别启动 Ethereal 或 Sniffer 设置好 Capture Filter，开始抓包。

在 Sniffer 主界面选择 Capture->Define Filter 命令，出现 Define Filter 对话框，选择 Advanced 选项卡，勾选 IP->UDP 协议，回到主界面单击 Start 按钮开始抓包。

3. 在其中一台主机（IP 地址为 x）的 DOS 命令行状态下执行命令 (作为接收端)：

d:\ ttcpw >ttcpw –r –s –u

4. 在另一台主机的 DOS 命令行状态下执行命令 (作为发送端)：

d:\ ttcpw >ttcpw –t –s –u –l1024 –n5 192.168.1.152

5. 两台机器都停止抓包，将结果以文档形式存盘，保存屏幕截图。

6. 找一条 UDP 数据报文，仔细分析其封装和报文格式，分别写出各字段值及含义，要求尽可能详细（用 Word 文档保存）。

例如，图 1-8-1 是 Sniffer 截获的一条 UDP 数据报文，下面分析一下具体的 UDP 数据报的封装和数据格式。

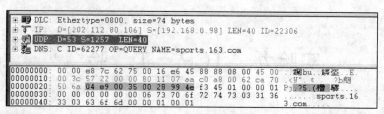

图 1-8-1　UDP 的数据报实例

该数据帧共 74 字节，前 14 字节是以太网数据帧的首部，接下来的 20 字节是 IP 数据报首部。观察 IP 数据报首部的第 10 字节，即协议字段，其数据值为 "11"，对应的十进制数为 17，表明 IP 数据报里封装的是 UDP 数据报。

在 IP 数据报首部后面紧接的就是 8 字节的 UDP 首部：

第 1、2 字节是源端口号，其数据值为 "04 e9"，转换成十进制数为 1257，表明源端口号为 1257。

第 3、4 字节是目的端口号，其数据值为 "00 35"，转换成十进制数为 53，表明目的端口号为 53。UDP 的 53 号端口是众所周知的 DNS 服务，因此，表明该 UDP 数据报里封装的是 DNS 数据报，是向 DNS 服务器请求 DNS 服务的。

第 5、6 字节是数据长度字段，值为 "00 28"，转换成十进制数为 40，表明该 UDP 数据报总的长度为 40 字节，其中封装的 DNS 数据长度为 32 字节。

第 7、8 字节是校验和字段，值为 "99 4e"，经计算确认为 "正确" 的。

7. 增加发送端 UDP 数据报的字节数，即增大 -l 参数后面的数值，重复发送和接收 UDP 数据报，直到发生 IP 数据分片；确定出发生分片的精确的 UDP 数据报的大小。分析为什么是这个精确的数据。

8. 发送 2 份大小为 2992 字节的 UDP 数据，抓包分析其分片情况，一份 2992 字节的初始数据报被分为几片，各片大小各为多少，各片偏移量为多少？给出详细的分析。

五、实验结果与分析

1. 查看是否成功捕获 UDP 数据报，给出相应的屏幕截图。
2. 分析一条 UDP 数据报的 IP 首部某字段值和含义。
3. 写出 "实验步骤 6、7、8" 的分析结果。
4. 写出对本实验的心得和收获。

实验九 TCP 实验

一、实验目的

掌握 TCP 协议的理论知识，理解 TCP 数据报的首部各字段的含义和作用，深入理解 TCP 的"序号"、"确认序号"、"三次握手建立连接"、"释放连接"等概念。

二、实验环境

Windows XP/2003，SnifferPro（版本不限），局域网可用。

三、实验内容与要求

1. 学习 TCP 协议的理论知识。
2. 学会发送和接收 TCP 数据报的工具 ttcpw 的使用。
3. 学会用抓包工具捕获 TCP 数据报文。
4. 分析 TCP 数据报文，深入理解 TCP 协议。

四、实验步骤

1. 在两台主机上分别启动 Sniffer，设置好 Capture Filter 后开始抓包。

在 Sniffer 主界面选择 Capture->Define Filter 命令，出现 Define Filter 对话框，选择 Advanced 选项卡，勾选 IP->TCP 协议，回到主界面单击 Start 按钮开始抓包。

2. 在其中一台主机（IP 地址为 x）的 DOS 命令行状态下执行命令（作为接收端）：

   d:\ ttcpw >ttcpw -r -s

3. 在另一台主机的 DOS 命令行状态下执行命令（作为发送端）：

   d:\ ttcpw >ttcpw -t -s -l1024 -n5 192.168.1.152

4. 两台机器都停止抓包，将结果以文档形式存盘，保存屏幕截图。

5. 仔细分析 TCP 报文的封装和报文格式，分别写出各字段值及含义，要求尽可能详细。

例如，图 1-9-1 是 Sniffer 截获的一条 TCP 数据报文，下面分析其封装和数据格式。

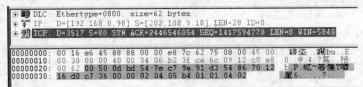

图 1-9-1 TCP 的数据报实例

该数据帧共 62 字节，前 14 字节是以太网数据帧的首部，接着的 20 字节是 IP 数据报首部。

观察 IP 数据报首部的第 10 字节，即协议字段，其数据值为"06"，对应的十进制数为 6，表明 IP 数据报里包的是 TCP 数据报。

在 IP 数据报首部后面紧接的就是 20 字节的 TCP 首部：

第 1、2 字节是源端口号，其数据值为"00 50"，转换成十进制数为 80，表明源端口号为 80。TCP 的 80 号端口是众所周知的 HTTP 服务，因此，表明该 TCP 数据报里包的是 HTTP 数据报，是 HTTP 服务器发出的应答数据包。

第 3、4 字节是目的端口号，其数据值为"0d bd"，转换成十进制数为 3517，表明目的端口号为 3517。

第 5、6、7、8 字节是序号字段，值为"54 7e c7 9a"，转换成十进制数为 1417594778，表明该 TCP 数据报的序号为 1417594778。

第 9、10、11、12 字节是确认序号字段，值为"91 d3 54 86"，转换成十进制数为 2446546054，表明该 TCP 数据报携带有确认信息，确认收到数据流字节中最后字节编号为 2446546053 的数据包。

第 13 字节数据值为"70"，可知前 4 位值为 7，这是"首部长度"字部，表明该 TCP 数据报的首部长度为 28 字节，即有 8 字节的选项内容。

第 14 字节数据值为"12"，写成二进制形式为"00010010"，后六位为"010010"，分别对应六个控制位，表明 ACK 位和 SYN 位有效，其余各位无效，即表明该 TCP 数据报携带了有效的确认信息，同时该数据包是一个同步数据包，是三次握手中的一个数据包。

第 15、16 字节是窗口字段，其数据值为"16 d0"，转换成十进制数为 5840，表明接收方期望收到最多 5840 个字节。

第 17、18 字节是校验和字段，其数据值为"c7 36"，经计算确认为"正确"。

第 19、20 字节是紧急指针字段，其数据值为"00 00"，因为该 TCP 数据报的控制位 URG 置 0，无效，所以紧急指针字段也无效。

剩下的 8 个字节是 TCP 首部的选项，表明希望使用 TCP SACK。在 TCP SACK 里，如果连接的一端接收了失序数据，它将使用选项字段来发送关于失序数据起始和结束的信息。这样允许发送端仅仅重传丢失的数据。

6. 跟踪数据包的序号和确认序号，验证其规律。

7. 建立和释放 TCP 连接（同时抓包以观察结果）。

操作：telnet www.sohu.com 80

问题 1：找到三次握手的三个数据包，找到结束连接的四个数据包。

问题 2：在连接建立期间，TCP 客户机和 TCP 服务器告诉对方它们进行数据传送所用的第一个序号，即初始序号是多少？

问题 3：TCP 客户机和 TCP 服务器交换窗口大小各是多少？

问题 4：建立一个 TCP 连接所花费的时间是多少？

五、实验结果与分析

1. 查看是否成功使用 ttcpw 发送 TCP 数据报，是否成功接收，给出相应的屏幕截图。

2. 查看是否成功捕获 TCP 数据报，给出相应的屏幕截图。

3. 分析一条 TCP 数据报的某字段值和含义。

4. 写出"实验步骤 5、7"的问题答案。

5. 写出对本实验的心得和收获。

实验十 网络测试工具实验 1

一、实验目的

掌握网络测试工具 ping 命令和 tracert 命令的使用、运行原理，进一步复习学过的 ICMP、IP 协议知识。

二、实验环境

Windows XP/2003，SnifferPro（版本不限），局域网可用。

三、实验内容与要求

学习 ping、tracert 命令的使用，抓包分析数据。

四、实验步骤

1. 启动抓包工具 Sniffer，分别用-t、-n、-l、-f、-r 作参数学习 ping 命令的使用，同时抓包。

在 Sniffer 主界面选择 Capture->Define Filter 命令，出现 Define Filter 对话框，选择"Advanced"选项卡，勾选 IP->ICMP 协议，回到主界面单击 Start 按钮开始抓包。

```
C:\>ping -t 192.168.1.152
C:\>ping -n10  192.168.1.152
C:\>ping -l1024 192.168.1.152
C:\>ping -f 192.168.1.152
C:\>ping -r2 192.168.1.152
```

2. 分析不同参数对 IP 数据报的影响。思考为什么最多只能记录 9 条路由信息（提示：IP 首部的最大长度是多少）？

3. 开启 Sniffer 抓包工具，设置为截获 ICMP 包。

在 Sniffer 主界面选择 Capture->Define Filter 命令，出现 Define Filter 对话框，选择 Advanced 选项卡，勾选 IP->ICMP 协议，回到主界面单击 Start 按钮开始抓包。

4. 用 tracert 命令测试 www.163.com 的连通性。

```
C:\>tracert www.163.com
```

5. 让 Sniffer 停止抓包，保存数据。

6. 观察发送的 ICMP 包的 TTL 值，有什么变化规律，每种 TTL 值的 ICMP 包发送几次？

7. 观察发送不同的 TTL 值的 ICMP 包后，收到不同的路由器返回的应答 ICMP 包，列出其对应关系，即得到从本机到目的地的一条路径。

五、实验结果与分析

1. 新建一个文档，简述实验步骤，要求给出各步的屏幕截图，并给出问题的答案，存档并将文件命名为"实验编号＿姓名＿学号＿文档编号.doc"。

2. 写出对本实验的心得和收获。

实验十一 \ 网络测试工具实验 2

一、实验目的

掌握网络测试工具 ipconfig 命令和 net 命令的使用，综合学习更多的协议知识。

二、实验环境

Windows XP/2003，SnifferPro（版本不限），局域网可用。

三、实验内容与要求

学习 ipconfig 命令的使用，自学 net 命令，利用 Sniffer 自学 net 命令的协议原理。

四、实验步骤

1. 练习 ipconfig 命令不同参数的使用。
2. 练习 net 信使服务。
（1）开启信使服务。

```
c:\>net start messenger
```

（或者选择"开始"->"运行"命令，然后在"运行"对话框的文本框中输入并运行 services.msc 命令）

（2）两两同学互发消息。

```
c:\>net send ip message
```

（3）停止信使服务。

```
c:> net stop messenger
```

3. 两台机器分别开启信使服务，互相发送 message。
4. 启动抓包工具，截获发送信息的数据包，保存屏幕，保存数据。

五、实验结果与分析

1. 分析所截获的信使数据包的协议封装格式，例如以太数据帧内封装的是 IP 数据报，IP 数据报里封装了某某数据包，等等。
2. 分析发送或接收的消息字符是怎样封装的。
3. 写出对本实验的心得和收获。

实验十二 \ DNS 服务器的配置

一、实验目的

掌握 DNS 服务的工作原理和服务器的配置方法。

二、实验环境

Windows XP/2003，RHEL5.2，SnifferPro（版本不限），局域网可连通 Internet。

三、实验内容与要求

1. 学习 DNS 服务和 DNS 协议的理论知识。
2. 掌握 DNS 服务器的配置方法和客户端的使用。
3. 捕获 DNS 网络数据报文，分析数据，进而深入理解协议。

四、实验步骤

1. 建立一个 DNS 服务器，要求能为本局域网内其他主机提供外网的域名解析（本地域名服务器的 IP 地址为 202.112.80.106），还能为以下域名提供正向解析：

www.学生姓名全拼+学号.com	→	本局域网内某 IP
ftp.学生姓名全拼+学号.com	→	本局域网内某 IP
smtp.学生姓名全拼+学号.com	→	本局域网内某 IP
pop3.学生姓名全拼+学号.com	→	本局域网内某 IP
telnet 学生姓名全拼+学号.com	→	本局域网内某 IP

在 Windows Server 2003 上安装 DNS 服务器很简单，只需要先安装相关组件，再启动服务，即架设了 DNS 服务器。

（1）安装 DNS 服务组件。安装 DNS 服务器的计算机的 IP 地址必须是固定的，不能是动态分配的。按照如下步骤安装 DNS 服务组件：

步骤 1 选择 "开始" → "控制面板" 命令，双击 "添加或删除程序" 图标，在弹出的 "添加或删除程序" 窗口中单击 "添加/删除 Windows 组件" 按钮，出现 "Windows 组件向导" 对话框，如图 1-12-1 所示。

步骤 2 勾选 "组件" 滚动列表中的 "网络服务" 复选框，再单击 "详细信息" 按钮，出现 "网络服务" 对话框，如图 1-12-2 所示。

步骤 3 勾选 "域名系统（DNS）" 复选框，单击 "确定" 按钮，然后依照提示插入 Windows Server 2003 系统盘，复制相关的系统文件，最后完成 DNS 服务组件的安装。

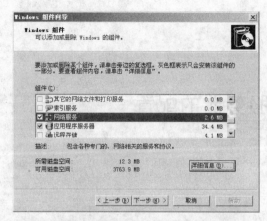

图 1-12-1 "Windows 组件向导"对话框

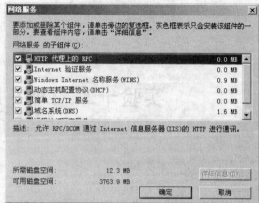

图 1-12-2 "网络服务"对话框

（2）启动 DNS 服务。右击"我的电脑"图标，在弹出的快捷菜单中选择"管理"命令，打开"计算机管理"控制台，在左侧的控制树中选择"服务和应用程序"中的"服务"项，右边窗口会列出很多服务，右击 DNS Server 项，在弹出的快捷菜单中选择"启动"命令，如图 1-12-3 所示。

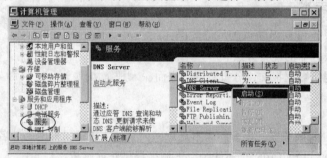

图 1-12-3 启动 DNS 服务操作过程

（3）配置 DNS 服务。参照如下几步操作，完成对 DNS 服务的基本配置，例如实现将域名 test1.water.com 解析为 IP 地址 192.168.0.100：

步骤 1 在"计算机管理"窗口中的控制台树中展开相应的 DNS 服务器项，如图 1-12-4 所示。

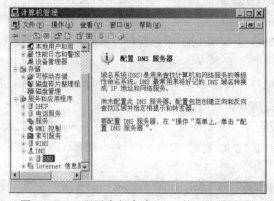

图 1-12-4 配置主机名为 BNU 的 DNS 服务器

步骤 2 右击本计算机的名称，选中"新建区域"命令，弹出"新建区域向导"对话框，单击"下一步"按钮。如图 1-12-5 所示。

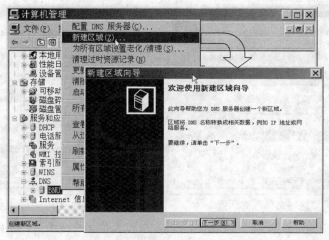

图 1-12-5　"新建区域向导"对话框

步骤 3　选择"主要区域"单选按钮后单击"下一步"按钮，如图 1-12-6 所示。再选择"正向查找区域"单选按钮，然后单击"下一步"按钮，如图 1-12-7 所示。

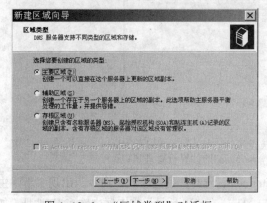

图 1-12-6　"区域类型"对话框

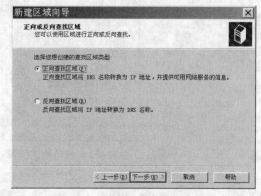

图 1-12-7　"正在或反向查找区域"对话框

步骤 4　输入要创建的区域名称，例如 water.com，如图 1-12-8 所示。

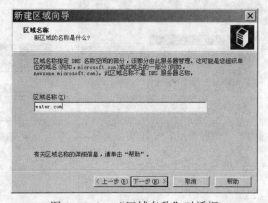

图 1-12-8　"区域名称"对话框

步骤 5　单击"下一步"按钮，出现"区域文件"和"动态更新"对话框，都选择默认项，如图 1-12-9 和图 1-12-10 所示。

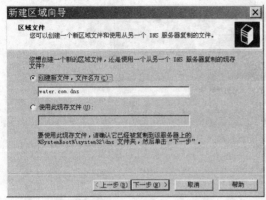

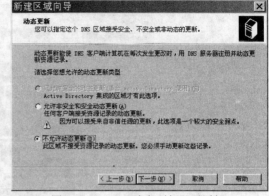

图 1-12-9 "区域文件"对话框　　　　　　　图 1-12-10 "动态更新"对话框

步骤 6 单击"完成"按钮。区域 water.com 出现在控制台树中的"正向查找区域"下,如图 1-12-11 所示。

图 1-12-11 成功创建区域"water.com"的计算机管理窗口

步骤 7 如图 1-12-12 所示,右击新区域 water.com,选择"新建主机"命令,出现"新建主机"对话框,在"名称"文本框中输入主机名(如 test1),在"IP 地址"文本框中输入 IP 地址(如 192.168.0.100),单击"添加主机"按钮,如图 1-12-13 所示。

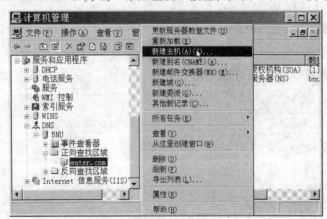

图 1-12-12 在区域 water.com 下新建主机　　　　图 1-12-13 "新建主机"对话框

则本 DNS 服务器为域名"test1.water.com"和 IP 地址"192.168.0.100"建立了映射关系,即能

将域名"test1.water.com"解析为 IP 地址"192.168.0.100"。完成步骤 7 后单击左侧控制树中的域名"water.com",右侧窗口显示出新建的主机和 IP 地址映射关系,如图 1-12-14 所示。

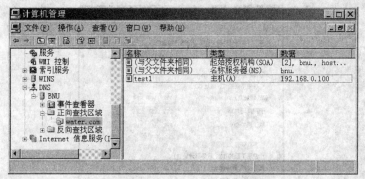

图 1-12-14　域名"test1.water.com"和 IP 地址"192.168.0.100"建立了映射关系

将步骤 7 重复多次即可建立多个主机,同时设置相应的 IP 地址,以为更多的域名提供解析。

(4)配置 DNS 服务的转发功能。在控制台左侧树中"DNS"服务中,右击本计算机的名称,在弹出的快捷菜单中选择"属性"命令,在弹出的对话框中选中"转发器"选项卡,在"添加"文本框中输入充当转发器的域名服务器 IP 地址(例如 202.112.80.106),单击"添加"按钮,如图 1-12-15 所示。表明当本 DNS 服务器遇到无法解析的域名时,可以将 DNS 请求包转发给新添加的 DNS 服务器。

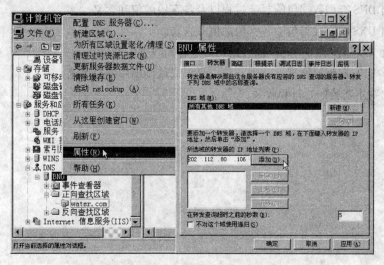

图 1-12-15 配置 DNS 服务的转发功能

2. 在另一台机器上配置 DNS 客户端,将 DNS 服务器设置为新配置的 DNS 服务器。

例如,DNS 设置界面如图 1-12-16 所示,则表明设置本机的本地域名服务器 IP 地址为 192.168.10.157,本机成为了 IP 地址为 192.168.10.157 的 DNS 服务器的客户端。

3. 在 DNS 客户端清空 DNS 缓存,再用 ping 命令测试与 www.sohu.com 及上述域名的连通性。要实现连接成功。

```
C:\>ipconfig flushdns
C:\>ping test1.water.com
C:\>ping www.sohu.com
```

4. 在服务器和客户端都启动 Sniffer 或 Ethereal 抓包功能，将"实验步骤 3"的整个过程抓包，保存数据，保存屏幕截图。比较服务器端和客户端数据的相同和不同之处。

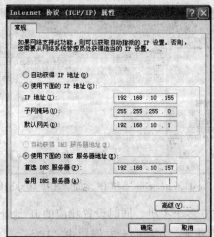

图 1-12-16 "Internet 协议（TCP/IP）属性"对话框

五、实验结果与分析

1. 查看 DNS 服务器是否配置成功，给出相应的屏幕截图。
2. 写出 DNS 查询数据包的封装过程以及各字段的值和含义。
3. 写出 DNS 响应数据包中各字段的值和含义。
4. 分析"实验步骤 3"的抓包数据，写出各帧数据的作用。
5. 自学 DNS 欺骗的原理及实现方法，了解局域网的不安全因素。
6. 写出对本实验的心得和收获。

实验十三 WWW 服务器的配置

一、实验目的

掌握 WWW 服务的工作原理和 Web 服务器的配置方法。

二、实验环境

Windows XP/2003，RHEL5.2，SnifferPro（版本不限），局域网可连通 Internet。

三、实验内容与要求

1. 学习 Web 服务和 HTTP 的理论知识。
2. 掌握 Web 服务器的配置方法和客户端的使用。
3. 捕获 HTTP 网络数据报文，分析数据，进而深入理解协议。

四、实验步骤

1. 在 Windows 系统下用 IIS 建立一个 Web 服务器。

（1）安装 IIS 6.0 "应用程序服务器" 组件。Windows Server 2003 的 "应用程序服务器" 组件中包含了万维网服务，因此要安装该组件。操作步骤如下：

步骤 1 选择 "开始" → "控制面板" 命令，双击 "添加或删除程序" 图标，然后单击 "添加/删除 Windows 组件" 按钮，出现 "Windows 组件向导" 对话框，如图 1-13-1 所示。

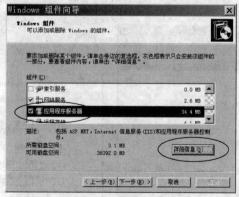

图 1-13-1 "Windows 组件向导" 窗口

步骤 2 选中 "应用程序服务器" 复选框，单击 "详细信息" 按钮，展开子组件，如图 1-13-2 所示。

步骤 3 选中"Internet 信息服务（IIS）"复选框，单击"详细信息"按钮，展开信息服务（IIS）的子组件，如图 1-13-3 所示。

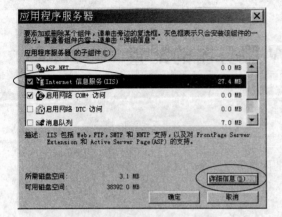
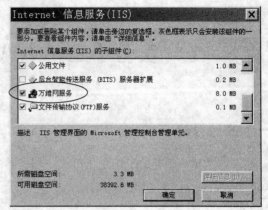

图 1-13-2 "应用程序服务器"窗口　　　　　图 1-13-3 "Internet 信息服务（IIS）"窗口

步骤 4 选中"万维网服务"复选框，单击"确定"按钮。回到 Windows 组件向导，逐步完成安装。

步骤 5 在桌面上右击"我的电脑"图标，在弹出的快捷菜单中选择"管理"命令，出现"计算机管理"窗口，展开左侧的管理控制树，如图 1-13-4 所示，其下显示"默认网站"表示 Web 服务安装成功。

（2）启动和停止"默认网站"。在图 1-13-4 所示的窗口中右击"默认网站"项，在弹出的快捷菜单中选择"启动"命令，可以启动网站，即开启 Web 服务；右击"默认网站"，在弹出的快捷菜单中选择"停止"命令，可以停止网站，即关闭 Web 服务。

（3）测试网站。用另外一台计算机的 IE 浏览器来登录新安装的 Web 服务器，方法是：在 IE 浏览器地址栏里键入 http://+"Web 服务器的 IP 地址"或者 http://+"Web 服务器的计算机名称"（客户端与客服器在同一局域网内）。若出现图 1-13-5 所示的网页，则说明连接成功。

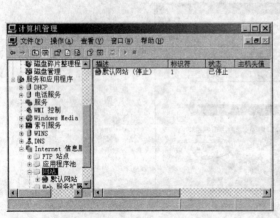
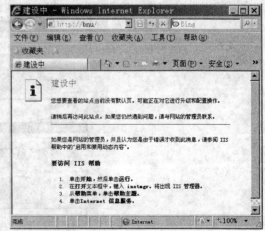

图 1-13-4 Web 服务安装成功的"计算机管理"窗口　　图 1-13-5 成功连接新架设的 Web 服务器

（4）配置网站。在图 1-13-4 所示的窗口中右击"默认网站"项，在弹出的快捷菜单中选择"属性"命令，出现"默认网站 属性"对话框，可以在各个选项卡中对网站进行配置，如图 1-13-6 所示。

（5）设置主目录。网站的主目录用来存放网站文档，可以选择不同的文件夹作为主目录。单击"主目录"选项卡，可以设置网站资源的来源，如图 1-13-7 所示。系统默认的网站的主目录是 c:\inetpub\wwwroot，可以单击"浏览"按钮来选择路径或直接修改"本地路径"中的设置（如改为 e:\myWeb\Web1）。

图 1-13-6　"默认网站 属性"对话框

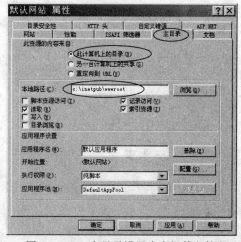
图 1-13-7　主目录设置为本机某文件夹

2. 在服务器的"主目录"下建立一个简单的静态网页文档 default.htm，作为 Web 服务器的主文档。

在主目录文件夹里用记事本创建名为 default.htm 的网页文档，文档内容如图 1-13-8 所示。

3. 另备一台机器配置为 DNS 服务器，将域名 www.aaa.bbb.ccc.cn 映射到新配置的 Web 服务器 IP 地址。

4. 再另备一台机器作为 DNS 客户端和 Web 客户端，访问新的 Web 服务器，要求能正确显示网页（URL 中使用域名）。

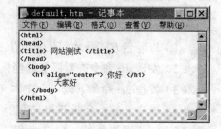
图 1-13-8　网页文档 default.htm 的内容

5. 在 Web 客户端先清理 DNS 缓存，再在服务器和客户端都启动 Sniffer 抓包功能，将访问的整个过程抓包，保存数据。

五、实验结果及分析

1. 分析截获的数据包：

（1）找到 DNS 数据包和三次握手包。

（2）找到 IE 浏览器和服务器之间的数据交流包。

（3）找到和 Web 服务器断开连接的四个或三个数据包。

（4）任选一个 HTTP 请求包，找到"请求行"、"请求头"字段，抄录之。

（5）任选一个 HTTP 应答包，找到"状态行"、"应答头"字段，抄录之。

2. 写出对本实验的心得和收获。

实验十四　FTP 服务器的配置

一、实验目的

掌握 FTP 服务的工作原理和 FTP 服务器的配置方法。

二、实验环境

Windows XP/2003，SnifferPro（版本不限），局域网可用。

三、实验内容与要求

1. 学习 FTP 服务和 FTP 协议的理论知识。
2. 掌握 FTP 服务器的配置方法和客户端的使用。
3. 捕获访问 FTP 服务过程中的数据报文，分析数据，进而深入理解协议。

四、实验步骤

1. 学习使用客户端 FTP 命令。

（1）以匿名方式登录到某 FTP 服务器。

（2）发送 dir 命令查看服务器当前目录中的文件清单。

（3）发送 get 命令下载一个文件×××.××。

（4）发送 quit 命令断开和 FTP 服务器的连接。

以上四步操作如图 1-14-1 所示。

图 1-14-1　命令行登录 FTP 操作步骤

（5）启动 Sniffer（过滤条件设为选中 TCP 协议项），将以上四步的全部过程抓包，保存数据，存为文档 1。

2. 使用 IIS 建立 FTP 服务器，实现匿名用户账号进行登录。

（1）安装 FTP 服务子组件。Windows Server 2003 的"应用服务器"组件中包含了万维网服务，因此要安装该组件。其操作步骤在"实验十三"中有介绍，不同的是在最后一步勾选"文件传输协议（FTP）服务"复选框即可，如图 1-14-2 所示。

安装完成后，打开"计算机管理"窗口，可以看到在"Internet 信息服务(IIS)管理器"项内增加了"FTP 站点"项，如图 1-14-3 所示。

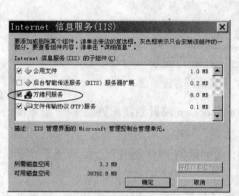
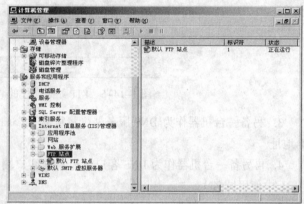

图 1-14-2 安装"文件传输协议服务"子组件 图 1-14-3 安装 FTP 服务成功后的"计算机管理"界面

（2）测试 FTP 站点。在另一台 Windows 计算机的浏览器地址栏中输入新配置的 FTP 服务器的 IP 地址或计算机名，若出现如图 1-14-4 所示的画面，表示"默认 FTP 站点"安装成功，可以匿名登录。

（3）配置 FTP 服务的属性。在"计算机管理"窗口（如图 1-14-3 所示）中右击"默认 FTP 站点"项，在弹出的菜单中选择"属性"命令，出现"默认 FTP 站点 属性"对话框（如图 1-14-5 所示），在这里可以对该 FTP 站点的各个属性进行设置。

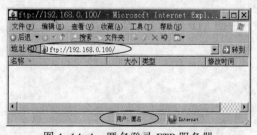
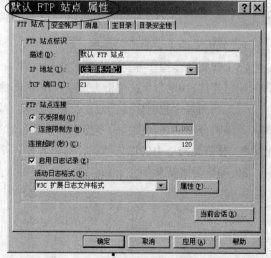

图 1-14-4 匿名登录 FTP 服务器 图 1-14-5 "默认 FTP 站点 属性"对话框

在"默认 FTP 站点 属性"对话框中单击"主目录"选项卡，出现图 1-14-6 所示的界面，选择"此计算机上的目录"单选按钮，设置"本地路径"为 f:\ftp_test\ftp1，然后单击"确定"按钮。

图 1-14-6　FTP 站点属性的"主目录"界面

3. 另备一台机器作为 DNS 服务器，将域名 **ftp.aaa.bbb.ccc.cn** 映射到新配置的 FTP 服务器的 IP 地址。

4. 再另备一台机器作为 DNS 客户端和 FTP 客户端，访问新的 FTP 服务器，要求能正确登录（URL 中使用域名）。

5. 在 FTP 客户端先清理 DNS 缓存，再在服务器和客户端都启动 Sniffer 抓包功能，将以下访问的整个过程抓包，存为文档 2：

（1）用命令行方式登录访问新配置的 FTP 服务器，下载某文件到本地机器上。

（2）在服务器当前目录中新建子目录，将本地机中某文件上传到服务器中的新建子目录中。

（3）将上传的文件删除，再将新建的子目录删除。

五、实验结果及分析

1. 分析文档 1 中的抓包数据：

（1）找到四步操作各自对应的数据包（如 open 命令即发起了主动的三次握手，建立 21 号端口的控制连接；dir 命令被解析为两个 FTP 内部命令：PORT 和 LIST，等等）。

（2）找到每个数据连接的建立、数据传输、释放用到的数据包，确认该数据连接的端口号来源（是随机分配的还是由某命令提供的数据计算来的）。

2. 分析文档 2 中的抓包数据，写出各操作步骤相应的 FTP 协议实现过程。

3. 写出对本实验的心得和收获。

实验十五 MAIL 服务器的配置

一、实验目的

掌握 MAIL 服务的工作原理和 SMTP 服务器、POP3 服务器的配置方法。

二、实验环境

Windows XP/2003，SnifferPro（版本不限），局域网可用。

三、实验内容与要求

1. 学习 MAIL 服务和 SMTP、POP3 协议的理论知识。
2. 掌握 MAIL 服务器的配置方法和客户端的使用。
3. 捕获 SMTP、POP3 网络数据报文，分析数据，进而深入理解协议。

四、实验步骤

1. 建立一个邮件服务器，设置至少两个邮箱，账号分别为 test1，test2 等，域名为 water.com。

（1）下载并安装应用软件：Magic Winmail（选择完全安装）。

（2）初始化设置，添加用户邮箱。

在安装完成后，管理员必须对系统进行一些初始化设置，系统才能正常运行。服务器在启动时如果发现还没有设置域名会自动运行快速设置向导，用户可以用它来简单快速地设置邮件服务器。快速设置向导窗口如图 1-15-1 所示。

图 1-15-1　"Magic Winmail Server 快速设置向导"对话框

用户输入一个要新建的邮箱地址及密码，单击"设置"按钮，设置向导会自动查找数据库是否存在要建的邮箱以及域名，如果发现不存在，向导会向数据库中增加新的域名和新的邮箱。

为了防止垃圾邮件，建议启用 SMTP 发信认证。启用 SMTP 发信认证后，用户在客户端软件中增加账号时也必须设置 SMTP 发信认证。

2. 设置另一台电脑为 DNS 服务器，要求将域名 water.com、smtp.water.com 和 pop3.water.com 解析为新建的邮件服务器 IP 地址（具体操作方法参见实验十二）。

3. 将第 3 台电脑设置为该 DNS 服务器的 DNS 客户端。

4. 在第 3 台电脑上启动 IE 浏览器，登录第一台邮件服务器，用其中一个新分配的邮箱往某商用的邮箱（如×××@sohu.com）发一封邮件。

5. 在服务器和客户端都启动 Sniffer 抓包功能，将发送邮件的整个过程抓包，保存数据。分析服务器端的协议数据，注意比较和客户端的相同和不同之处。

6. 将第 4 台机器配置成另一台邮件服务器，设置至少两个邮箱，账号分别为 test1、test2 等，域名为 apple.net。

7. 在 DNS 服务器上添加域名解析项，将域名 apple.net、smtp.apple.net 和 pop3.apple.net 解析为新建的第 2 台邮件服务器的 IP 地址。

8. 在第 5 台机器上运行 Foxmail，设置第 2 台邮件服务器的两个新账号（设置接收邮件服务器域名为 pop3.apple.net,发送邮件服务器域名为 smtp.apple.net)。

9. 除了 DNS 服务器以外，其余四台机器都设置成该 DNS 服务器的 DNS 客户端。

10. 用一个客户端的账号发一封邮件到另一个邮箱服务器分配的账号，再用另一个客户端接收邮件。

11. 发邮件时，客户端和两个服务器上都要启动 Sniffer 以同时保存数据。分析客户端和发送服务器端的协议数据，注意比较和客户端的相同和不同之处。

12. 收邮件时，在客户端和服务器端同时抓包，保存数据，分析数据。

五、实验结果和分析

1. 检查是否成功配置 MAIL 服务器，是否能用新分配的邮箱往外发送邮件。
2. 查看是否成功捕获 SMTP、POP3 数据包，给出相应的屏幕截图。
3. 将实验完成，存档，文件命名为"实验编号_姓名_学号_文档编号.doc"。
4. 写出服务器端和客户端的协议分析，再比较一下相同和不同之处。
5. 写出对本实验的心得和收获。
6. 完成思考题：Foxmail 软件中有"特快专递"按钮，考察其功能，抓包说明其工作原理，解释其"特快"的原因，存档。

实验十六 Linux 系统下的 DNS 服务器的配置

一、实验目的

掌握 DNS 服务的工作原理和服务器的配置方法。

二、实验环境

RHEL5.2，Ethereal，局域网可连通 Internet。

三、实验内容与要求

1. 学习 DNS 服务和 DNS 协议的理论知识。
2. 掌握 DNS 服务器的配置方法和客户端的使用。
3. 捕获 DNS 网络数据报文，分析数据，进而深入理解协议。

四、实验步骤

1. 确认是否已经默认安装了 bind-chroot-9.3.3-10.el5.rpm、bind-9.3.3-10.el5.rpm、bind-libbind-devel-9.3.3-10.el5.rpm、bind-utils-9.3.3-10.el5.rpm、bind-sdb-9.3.3-10.el5.rpm、bind-devel-9.3.3-10.el5.rpm、bind-libs-9.3.3-10.el5.rpm 软件包。如果没有安装，请插入 RHEL 5.2 的安装光盘进行安装。

2. 安装 caching-nameserver.rpm 包。

3. 将目录/var/named/chroot/etc 下的配置文件 named.caching-nameserver.conf 复制为 named.conf。注意，复制时需要保持文件的属性不变（提示：使用 cp -p 命令）。

4. 编辑配置文件 named.conf，修改客户端信息，允许客户端查询 DNS 服务器上的域名信息。

5. 编辑配置文件 named.rfc1912.zones，以"自己的姓名全拼.com"为域名创建一个正向和反向解析区。

6. 在目录/var/named/chroot/var/named 下创建相应的正向和反向区文件，要求能为本局域网内其他主机提供域名解析。编辑配置文件 named.conf，将其他域的域名解析工作转发给相应的域名服务器。例如，假设学生名为张三，则他应该建立一个名为 zhangsan.com 的域。为实现后面三个实验，完成以下配置。

（1）请为以下域名提供正向和反向解析：

dns.zhangsan.com   ⇔   DNS 服务器的 IP

www.zhangsan.com   ⇔   本局域网内 Web 服务器的 IP

ftp.zhangsan.com   ⇔   本局域网内 FTP 服务器的 IP

smtp.zhangsan.com　　⇔　本局域网内 Email 服务器的 IP

pop3.zhangsan.com　　⇔　本局域网内 Email 服务器的 IP

（2）指定本 DNS 域的邮件服务器信息。

（3）如果需要解析公网中的域名，如 www.sohu.com，则将该域名解析请求转发给公网的域名服务器（如 202.112.80.106 等）。

7. 使用 service named start 命令启动 DNS 服务器。

8. 在另一台机器上配置 DNS 客户端，要求将 DNS 服务器设置为新配置的 DNS 服务器。提示，在 RHEL 5.2 客户端上，可以编辑配置文件/etc/resolv.conf 指定 DNS 服务器的地址。

9. 在 DNS 客户端清空 DNS 缓存，再用 ping 命令测试与 www.sohu.com 及上述域名的连通性。要求能连接成功。

10. 在服务器和客户端都启动 Ethereal 抓包功能，将"实验步骤 9"的整个过程抓包，保存数据，保存屏幕截图。比较服务器端和客户端数据的相同和不同之处。

五、实验结果与分析

1. 检查 DNS 服务器是否配置成功，给出相应的屏幕截图。
2. 写出 DNS 查询数据包的封装过程以及各字段的值和含义。
3. 写出 DNS 响应数据包中各字段的值和含义。
4. 分析"实验步骤 9"的抓包数据，写出各帧数据的作用。
5. 自学 DNS 欺骗的原理及实现方法，了解局域网的不安全因素。
6. 写出对本实验的心得和收获。

实验十七　Linux 系统下 WWW 服务器的配置

一、实验目的

掌握 WWW 服务的工作原理和 Web 服务器的配置方法。

二、实验环境

RHEL5.2，Ethereal，局域网可连通 Internet。

三、实验内容与要求

1. 学习 Web 服务和 HTTP 的理论知识。
2. 掌握 Web 服务器的配置方法和客户端的使用。
3. 捕获 HTTP 网络数据报文，分析数据，进而深入理解协议。

四、实验步骤

1. 确认是否已经安装了 httpd–2.2.3–11.el5_1.3.rpm 包。如果没有安装，请插入 RHEL 5.2 的安装光盘进行安装。
2. 使用 service httpd start 启动 Apache 服务器。
3. 在服务器的主目录/var/www/html 下建立一个简单的静态网页文档 test1.htm，作为 Web 服务器的默认主页。
4. 确认实验十六中配置的 DNS 服务器已经将域名"www.*姓名全拼*.com"映射到新配置的 Web 服务器 IP 地址。
5. 再另备一台机器作为 DNS 客户端和 Web 客户端，访问新的 Web 服务器，要求能正确显示网页（URL 中使用域名）。
6. 在 Web 客户端先清理 DNS 缓存，再在服务器和客户端都启动 Ethereal 抓包功能，将访问的整个过程抓包，保存数据。

五、实验结果及分析

1. 分析截获的数据包。
（1）找到 HTTP 数据包和三次握手包。
（2）找到 IE 浏览器和服务器之间的数据交流包。
（3）找到和 Web 服务器断开连接的 4 个或 3 个数据包。
（4）任选一个 HTTP 请求包，找到"请求行"、"请求头"字段，抄录之。
（5）任选一个 HTTP 应答包，找到"状态行"、"应答头"字段，抄录之。
2. 写出对本实验的心得和收获。

实验十八 \ Linux 系统下 FTP 服务器的配置

一、实验目的

掌握 FTP 服务的工作原理和 FTP 服务器的配置方法。

二、实验环境

RHEL5.2，Ethereal，局域网可用。

三、实验内容与要求

1. 学习 FTP 服务和 FTP 协议的理论知识。
2. 掌握 FTP 服务器的配置方法和客户端的使用。
3. 捕获访问 FTP 服务过程中的数据报文，分析数据，进而深入理解协议。

四、实验步骤

1. 在 RHEL5.2 系统的控制台下学习使用客户端 FTP 命令：

（1）以匿名方式登录到某 FTP 服务器。

（2）发送 dir 命令查看服务器当前目录中的文件清单。

（3）发送 get 命令下载一个文件×××.××。

（4）发送 quit 命令断开和 FTP 服务器的连接。

（5）启动 Ehteral（过滤条件设为选中 TCP 协议项），将以上四步的全过程抓包，保存数据，存为文档 1。

2. 确认是否已经安装了 vsftpd-2.0.5-12.el5.rpm 包。如果没有安装，请插入 RHEL 5.2 的安装盘进行安装。

3. 使用 service vsftpd start 命令启动 vsftpd 服务器，默认能够使用匿名用户账号登录。

4. 确认实验十六中配置的 DNS 服务器已经将域名 "ftp.姓名全拼.com" 映射到新配置的 FTP 服务器 IP 地址。

5. 再另备一台机器作为 DNS 客户端和 FTP 客户端，访问新的 FTP 服务器，要求能正确登录（URL 中使用域名）。

6. 在 FTP 客户端先清理 DNS 缓存，再在服务器和客户端都启动 Ethereal 抓包功能，将以下访问的整个过程抓包，存为文档 2：

（1）使用匿名用户以命令行方式登录访问新配置的 FTP 服务器，下载某文件到本地机。

（2）使用本地用户登录 FTP 服务器，在该用户的主目录中新建子目录，将本地机中某文件上传到服务器中的新建子目录中。

（3）将本地用户上传的文件删除，再将新建的子目录删除。

五、实验结果及分析

1. 分析文档 1 中的抓包数据：

（1）找到四步操作各自对应的数据包（如：open 命令即发起了主动的三次握手，建立 21 号端口的控制连接；dir 命令被解析为两个 FTP 内部命令：PORT 和 LIST；等等）。

（2）找到每个数据连接的建立、数据传输、释放用到的数据包，确认该数据连接的端口号来源（是随机分配的还是由某命令提供的数据计算来的）。

2. 分析文档 2 中的抓包数据，写出各操作步骤相应的 FTP 实现过程。

3. 写出对本实验的心得和收获。

实验十九 \ Linux 系统下 E-mail 服务器的配置

一、实验目的

掌握 E-mail 服务的工作原理和 SMTP 服务器、POP3 服务器的配置方法。

二、实验环境

RHEL5.2，Ethereal，局域网可用。

三、实验内容与要求

1. 学习 E-mail 服务和 SMTP、POP3 协议的理论知识。
2. 掌握 MAIL 服务器的配置方法和客户端的使用。
3. 捕获 SMTP、POP3 网络数据报文，分析数据，进而深入理解协议。

四、实验步骤

1. 在 RHEL 5.2 系统下用 Telnet 来模拟实现收取邮件过程，同时截取所有数据包，依照实例分析写出具体的数据分析。

2. 在 RHEL 5.2 下用 Telnet 来模拟实现发送邮件过程，同时截取所有数据包，再写出具体的数据分析（建议：先用 Foxmail 发送一封邮件，抓获该账号的加过密的用户名代码和口令代码，再用 Telnet 模拟另发送一次）。

3. 确认是否已经安装了 postfix-2.3.3-2.rpm 包。如果没有安装，请插入 RHEL 5.2 的安装盘进行安装。

4. 确认实验十六中配置的 DNS 服务器已经为本域指定了邮件服务器的信息，并已将域名"smtp.*姓名全拼*.com"和"pop3.*姓名全拼*.com"解析为新建的邮件服务器 IP 地址。

5. 编辑 Postfix 的主配置文件/etc/postfix/main.cf，配置运行 postfix 服务的邮件主机的主机名（参数 myhostname）和域名（参数 mydomain）、由本机寄出的邮件所使用的域名和主机名称（参数 myorigin）、postfix 服务监听的网络接口（参数 inet_interfaces）、可接收邮件的主机名或域名（参数 mydestination）、可转发哪些网络的邮件（参数 mynetworks）、可转发哪些网域的邮件（参数 relay_domains）。注意，mynetworks 参数是针对邮件来源的 IP 而设置的，relay_domains 是针对邮件来源的域名或主机名而设置的。

6. 为了发送电子邮件，请使用 service postfix start 命令启动 Postfix 邮件服务器。

7. 确认已经安装了 dovecot-1.0.7-2.el5.rpm 包。如果没有安装，请插入 RHEL 5.2 的安装盘进行安装。

8. 为了接收电子邮件，请使用 service dovecot start 命令启动 Dovecot 邮件服务器。

9. 使用 useradd 命令创建两个本地的系统用户 test1 和 test2。

10. 在第 3 台机器上运行 Outlook 或 Evolution，设置上述两个新账号（设置接收邮件服务器域名为"pop3.*姓名全拼*.com"，发送邮件服务器域名为"smtp.*姓名全拼*.com"）。

11. 用其中一个新分配的邮箱往某商用的邮箱（如×××@sohu.com）发一封邮件。

12. 在服务器和客户端都启动 Ethereal 抓包功能，将发送邮件的整个过程抓包，保存数据。分析服务器端的协议数据，注意比较和客户端的相同和不同之处。

13. 将其他同学的机器（第 4 台）配置成另一台邮件服务器，设置至少两个邮箱，账号分别为 test3、test4 等，域名为"*同学姓名全拼*.com"。

14. 在 DNS 服务器上添加域名解析项，将域名"*同学姓名全拼*.com"、"smtp.*同学姓名全拼*.com"和"pop3.*同学姓名全拼*.com"解析为新建的第 2 台邮件服务器的 IP 地址。

15. 在第 5 台机器上运行 Foxmail，设置第 2 台邮件服务器的两个新账号（设置接收邮件服务器域名为"pop3.*同学姓名全拼*.com"，发送邮件服务器域名为"smtp.*同学姓名全拼*.com"）。

16. 除了 DNS 服务器以外，其余 4 台机器都设置成该 DNS 服务器的 DNS 客户端。

17. 用一个客户端的账号发一封邮件到另一个邮箱服务器分配的账号，再用另一客户端接收邮件。

18. 发邮件时，客户端和两个服务器上均启动 Ethereal 以同时保存数据。分析客户端和发送服务器端的协议数据，注意比较和客户端的相同和不同之处。

19. 收邮件时，在客户端和服务器端同时抓包，保存数据，分析数据。

五、实验结果和分析

1. 检查是否成功配置 MAIL 服务器，是否能用新分配的邮箱往外发送邮件。

2. 检查是否成功捕获 SMTP、POP3 数据包，给出相应的屏幕截图。

3. 将"实验步骤 12、19"完成，存档，文件命名为"实验编号__姓名__学号__文档编号.doc"。

4. 写出服务器端和客户端的协议分析，再比较一下相同和不同之处。

5. 写出对本实验的心得和收获。

6. 完成思考题：Foxmail 软件中有"特快专递"按钮，考察其功能，抓包说明工作原理，解释"特快"的原因，存档。

实验二十 \ 创建一个本地网站

一、实验目的

学会创建一个本地站点；熟练地在本地站点中添加文件和文件夹。

二、实验内容

1. 学会创建一个本地站点。

本地站点是建立在本地计算机上的站点，本地站点上的文件夹是 Dreamweaver 站点的工作目录。

（1）打开 Dreamweaver CS4 应用程序，选择"站点→新建站点"命令。

（2）打开"站点定义"对话框，如图 1-20-1 所示。将站点命名为 mysite，并设定 HTTP 地址。

（3）单击"下一步"按钮，在弹出的对话框中设定是否要使用服务器技术，选择"否，我不想使用服务器技术"单选按钮，如图 1-20-2 所示。

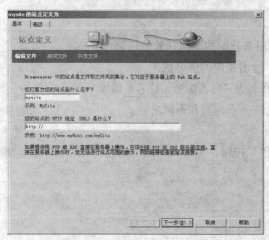
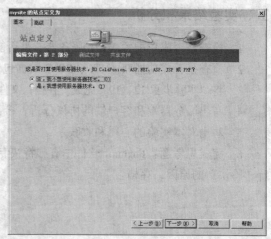

图 1-20-1　"站点定义"对话框之一　　　图 1-20-2　"站点定义"对话框之二

（4）单击"下一步"按钮，在弹出的对话框中设定在开发过程中如何使用文件。这里选择"编辑我的计算机上的本地副本，完成后再上传到服务器"单选按钮，并指定网站文件在计算机上的存储位置为 D:\mysite\，如图 1-20-3 所示。这样，该目录就成为本地网站 mysite 的根目录了。

（5）单击"下一步"按钮，在弹出的对话框中选择是否连接远程的服务器，这里选择"无"项，表示不用连接远程的服务器，如图 1-20-4 所示。

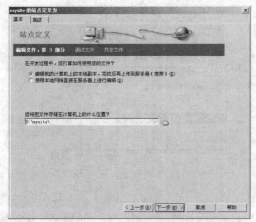
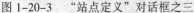

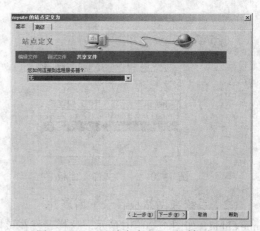

图 1-20-3　"站点定义"对话框之三　　　　　图 1-20-4　"站点定义"对话框之四

（6）单击"下一步"按钮，在弹出的对话框中将显示刚才站点的设置，如图 1-20-5 所示。

（7）单击"完成"按钮，系统自动打开"文件"面板，如图 1-20-6 所示。一个新的本地网站 mysite 就建好了，以后就可以往网站中添加文件了。

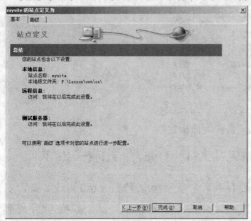

图 1-20-5　"站点定义"对话框之五

图 1-20-6　"文件"面板之一

2. 在本地站点中添加文件夹。

（1）在"文件"面板中，选中"站点-mysite"并右击，弹出图 1-20-7 所示的快捷菜单，选择"新建文件夹"命令。

（2）系统在网站根目录下面新建了一个文件夹，将其命名为 images，如图 1-20-8 所示。这样就在根目录下创建好了一个文件夹 images，可以用来存放网站中的图片。

（3）同理可以在该站点下新建文件夹 media，用来存放音频、视频和动画等文件；新建文件夹 downloads，用来存放供访问者下载的打包文件；新建文件夹 html，用来放置 html 网页文件，如图 1-20-9 所示。

3. 在本地站点中添加文件。

（1）在"文件"面板中，选中"站点-mysite"并右击，弹出图 1-20-7 所示的快捷菜单，选择"新建文件"命令。

图 1-20-7　快捷菜单

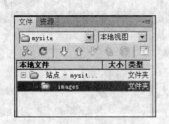 

图 1-20-8 "文件"面板之二   图 1-20-9 "文件"面板之三

（2）系统在网站根目录下面新建了一个 html 文件，默认为 untitled.htm，将其重命名为 index.html，如图 1-20-10 所示。这样，就在该网站根目录下创建好了一个文件，可以将它作为网站的首页（通常，网站的首页放在网站根目录下，文件名一般为 index.html、default.html 或 index.asp 等）。

图 1-20-10 "文件"面板之四

（3）双击文件 index.html，就可以在 Dreamweaver CS4 中打开它，以进行编辑了。

注意：如果想在其他文件夹下创建文件，选择某文件夹（如文件夹 html）并右击，在弹出的快捷菜单中选择"新建文件"命令，新建的文件就保存在文件夹 html 下了。其他收集或制作好的素材文件也可以放在网站相应的文件夹中，以备网页制作时使用。

实验二十一 首 页 制 作

一、实验目的

熟悉表格布局；熟悉图片的插入；掌握文本的属性的设置；掌握翻转图的制作；掌握行为面板的使用。

二、实验内容

1. 使用表格布局。

（1）打开 Dreamweaver CS4 应用程序，打开"实验二十"中的 index.html 以进行编辑。选择"插入→表格"命令，打开"表格"对话框，设置为图 1-21-1 所示的内容。插入一个二行五列的表格。

图 1-21-1　"表格"对话框

（2）选中插入的表格，在属性面板中选择对齐方式为"居中对齐"，设置如图 1-21-2 所示。

图 1-21-2　选择对齐方式

（3）同时选中表格中第一行的五个单元格，然后单击"属性"面板左下角的合并按钮 ▫，如图 1-21-3 所示，将五个单元格合并成一个大的单元格。

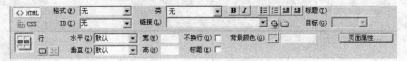

图 1-21-3　合并单元格

（4）第一个表格设置好了，让光标停在表格的后面，按【Enter】键另起一行。

（5）选择"插入→表格"命令，打开"表格"对话框，设置如图 1-21-4 所示。在上面的表格下面再插入一个一行二列的表格。

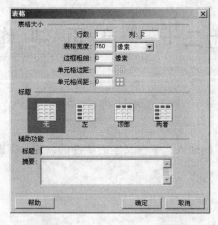

图 1-21-4 "表格"对话框

（6）选中刚插入的表格，在"属性"面板中选择对齐方式为"居中对齐"。

（7）选中第二个表格的第一行的第一个单元格，在属性面板中设置宽度为 90，效果如图 1-21-5 所示。

图 1-21-5 布局表格

2．插入图片。

将光标放在上面表格的第一个行的单元格中，选择"插入→图像"命令，打开"选择图像源文件"对话框，选择要插入的图片文件，如图 1-21-6 所示。单击"确定"按钮，图片插入完毕。

3．制作翻转图。

（1）将光标放在上面表格的第二个行的第一个单元格中，选择"插入→图像对象→鼠标经过图像"命令，打开"插入鼠标经过图像"对话框，设置如图 1-21-7 所示。

图 1-21-6 "选择图像源文件"对话框

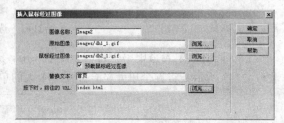

图 1-21-7 "插入鼠标经过图像"对话框

其中，dh1_1.gif 如图 1-21-8 所示，dh2_1.gif 如图 1-21-9 所示。

图 1-21-8　翻转图原始图像　　　　　图 1-21-9　鼠标经过图像

（2）单击"确定"按钮，简单翻转图就制作完成了。

（3）同样的原理，将第二行中的第二、三、四、五个单元格中插入对应的翻转图，如图 1-21-10 所示。

图 1-21-10　制作完翻转图后的效果图

4. 插入文本。

（1）在下面表格的第一行第二个单元格中输入一段文字，如图 1-21-11 所示。

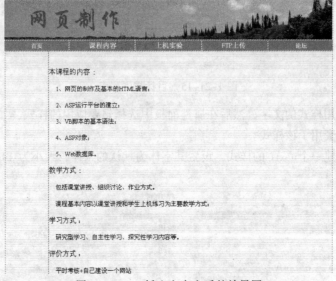

图 1-21-11　插入文字之后的效果图

（2）在"属性"面板上单击 CSS 按钮，选择目标规则为"<新 CSS 规则>"，然后单击"编辑规则"按钮，如图 1-21-12 所示。

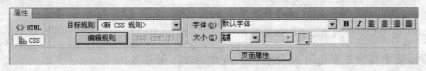

图 1-21-12　属性面板

（3）打开"新建 CSS 规则"对话框，选择上下文选择器类型为"类（可应用于任何 HTML 元素）"，输入选择器名称（如 title1），选择定义规则的位置为"仅限于该文档"，表示创建的是内部样式表，设置如图 1-21-13 所示，然后单击"确定"按钮。

（4）打开".title 的 CSS 规则定义"对话框，在类型中设置字体、字体大小等，如图 1-21-14 所示。设置完后，单击"确定"按钮完成内部样式表的定义。

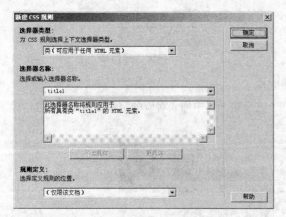

图 1-21-13　"新建 CSS 规则"对话框　　　　图 1-21-14　"CSS 规则定义"对话框

（5）这时，在"属性"面板中单击"目标规则"右侧的下三角按钮，会发现在下拉列表中出现了刚才新定义的.title 样式，如图 1-21-15 所示。

图 1-21-15　目标规则列表

（6）选中要应用样式的文字，然后在属性面板中选择想要应用的样式，如图 1-21-16 所示，这些选中的文字就套用了该样式。

（7）同理，创建一个.text1 的样式，设置其字体为默认的宋体，大小为 14px，行高为 18px，如图 1-21-17 所示。

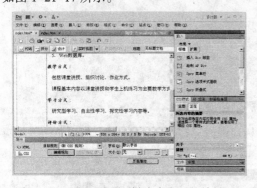
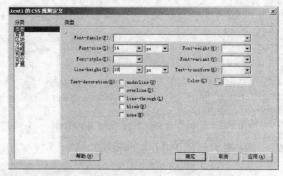

图 1-21-16　运用 CSS 样式表之后的效果图　　　图 1-21-17　"CSS 规则定义"对话框

（8）将页面中其他文字套用.text1 样式，完成对文字的设置。

5. 插入背景图片。

　　这时，浏览一下页面，觉得文字部分显得有的空白，如果能在这部分增加一点背景图片，可能视觉效果会好一些。背景图片可以自己制作，也可以上网去搜索。例如本例中从 Internet 上找到的背景图片是图 1-21-18 所示的小图片。切记，背景图片不要太大，否则影响下载速度。图片作为网页背景或表格背景插入，是以平铺的方式显示的。

图 1-21-18　背景图片

（1）在"属性"面板上单击 CSS 按钮，选择目标规则为"<新 CSS 规则>"，然后单击"编辑规则"按钮。

（2）打开"新建 CSS 规则"对话框，选择上下文选择器类型为"类（可应用于任何 HTML 元素）"，输入选择器名称，如.backgroup1，选择定义规则的位置为"仅限于该文档"，表示创建的是内部样式表，然后单击"确定"按钮。

（3）打开"backgroup1 的 CSS 规则定义"对话框，在类型中设置背景，选择背景图片文件"images/line.gif"，如图 1-21-19 所示。设置完后，单击"确定"按钮完成该样式表的定义。

图 1-21-19　"CSS 规则定义"对话框

（4）这时，在"属性"面板上单击"目标规则"右侧的下三角按钮，会发现在下拉列表中出现了刚才新定义的.backgroup 样式。

（5）选中第二个表格，然后在"属性"面板中选择想要应用的样式，如图 1-21-20 所示。这样该表格就套用了设定好的背景，效果如图 1-21-21 所示。

图 1-21-20　属性面板

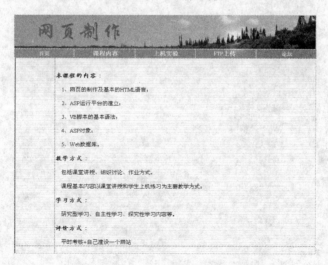

图 1-21-21　插入背景图片后的效果图

6. 弹出信息文本框。

（1）选择"窗口→行为"命令，打开"行为"面板。

（2）在"行为"面板中，单击+（加号）按钮，在弹出的菜单中选择"弹出信息"命令，打开"弹出信息"对话框，设置图 1–21–22 所示的内容，然后单击"确定"按钮。

（3）此时，"行为"面板中多了一项行为。单击事件栏旁边的下三角按钮，弹出下拉菜单，选择行为发生的事件为 OnLoad，如图 1–21–23 所示。至此，这个行为添加完毕。

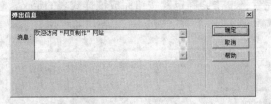

图 1–21–22　"弹出信息"对话框　　　　图 1–21–23　"行为"面板

至此，首页制作完成。

实验二十二 超级链接

一、实验目的

熟悉表格布局；熟悉插入图片；掌握水平线的插入；掌握各种超级链接的制作。

二、实验内容

1. 新建一个文档。

（1）打开 Dreamweaver CS4 应用程序，选择"文件→新建"命令，打开"新建文档"对话框，如图 1-22-1 所示。选择"空白页"→"HTML"→"无"命令，单击"创建"按钮即新建一个空白的 HTML 文档。

图 1-22-1 "新建文档"对话框

（2）选择"文件→保存"命令，打开"另存为"对话框，将该文件保存到网站根目录 D:\mysite\html 下，文件名为"world.html"，如图 1-22-2 所示。单击"保存"按钮，将此文档保存到网站中。

2. 使用表格布局，让整个网页居中对齐。

（1）选择"插入→表格"命令，打开"表格"对话框，设置如图 1-22-3 所示，插入一个 1 行 1 列的表格。

图 1-22-2 "另存为"对话框

图 1-22-3 "表格"对话框

（2）选中插入的表格，在"属性"面板中选择对齐方式为"居中对齐"，设置如图 1-22-4 所示。

图 1-22-4　"属性"面板

3. 插入文本。

（1）在下面表格的第一行第二个单元格中输入一段文字，如图 1-22-5 所示。

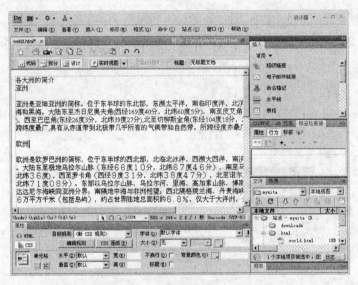

图 1-22-5　已插入文本的网页

（2）选中第一行文字"各大洲的简介"，选择"格式→段落格式→标题 1"命令，使得该行文字套用标题 1 的格式。

（3）仍然选中第一行文字，选择"格式→对齐→居中对齐"命令，使得该行文字居中，如图 1-22-6 所示。

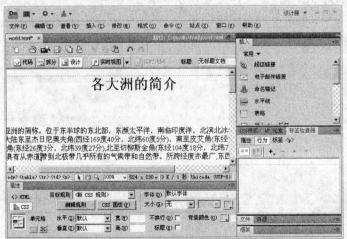

图 1-22-6　设置了标题文字格式的网页

（4）在"属性"面板上单击 CSS 按钮，选择目标规则为"<新 CSS 规则>"，然后单击 "编辑规则"按钮，如图 1-22-7 所示。

（5）打开"新建 CSS 规则"对话框，选择上下文选择器类型为"类（可应用于任何 HTML 元素）"，输入选择器名称（如 title1），选择定义规则的位置为"仅限于该文档"，表示创建的是内部样式表，设置如图 1-22-8 所示，然后单击"确定"按钮。

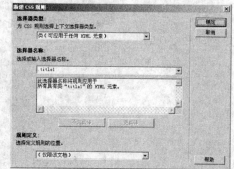

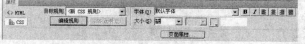

图 1-22-7　"属性"面板　　　　　　　　　　图 1-22-8　"新建 CSS 规则"对话框

（6）打开".title1 的 CSS 规则定义"对话框，在类型中设置字体、字体大小等，如图 1-22-9 所示。设置完后，单击"确定"按钮完成内部样式表的定义。

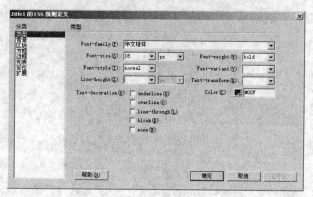

图 1-22-9　"CSS 规则定义"对话框

（7）这时，在"属性"面板中单击"目标规则"右侧的下三角按钮，会发现在下拉列表中出现了刚才新定义的.title1 样式，如图 1-22-10 所示。

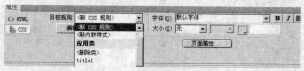

图 1-22-10　目标规则列表

（8）选中要应用样式的文字（每个洲介绍之前的二级标题），然后在"属性"面板中选择想要应用的样式，效果如图 1-22-11 所示，这些选中的文字就套用了该样式。

（9）同理，创建一个.text1 的样式，设置其字体为默认的宋体，大小为 14px，行高为 18px，如图 1-22-12 所示。

（10）将页面中其他文字套用.text1 样式，完成对文字的设置。

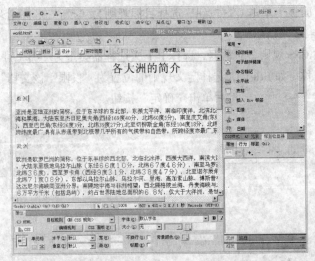

图 1-22-11 设置了二级标题文字格式的网页

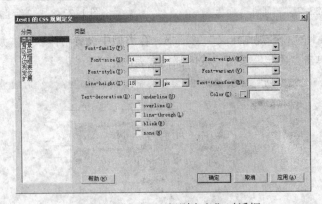

图 1-22-12 "CSS 规则定义"对话框

4. 插入图片。

（1）在正文第一段后插入一个空白行，将光标放在该处，选择"插入→图像"命令，打开"选择图像源文件"对话框，选择要插入的图片文件，如图 1-22-13 所示。然后单击"确定"按钮。

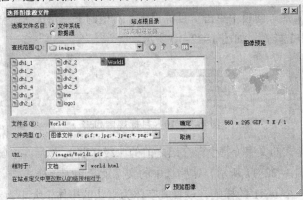

图 1-22-13 "选择图像源文件"对话框

（2）弹出"图像标签辅助功能属性"对话框，可以在此对话框中填入"替换文本"等信息，如图 1-22-14 所示。

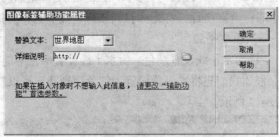

图 1-22-14 图形标签辅助功能属性窗口

（3）单击"确定"按钮之后，图片就插入完毕了，效果如图 1-22-15 所示。

图 1-22-15 插入图像之后的网页

（4）选中该图片，选择"格式→对齐→居中对齐"命令，让图片居中对齐。

（5）在正文内容的后面添加一个空白行，在此行依次添加"返回首页"图片和"返回顶端"图片，设置为居中对齐，效果如图 1-22-16 所示。

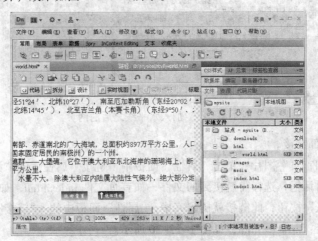

图 1-22-16 插入图像之后的网页

5. 插入水平线。

为了将正文内容和一些附加的内容分隔，我们可以在正文内容和附加内容之间添加一条水平线。

（1）在网页的最后添加一个空白行，将光标移到该行，然后选择"插入→HTML→水平线"命令，在当前行插入了一条灰色水平线。

（2）为了页面美观，应该为水平线设置颜色。为水平线设置颜色不能在"属性"面板中进行，但可以通过 CSS 来设置。假如我们想将水平线设置为红色，则我们可以新建一个名为".line"的CSS 样式，设置如图 1-22-17 所示。

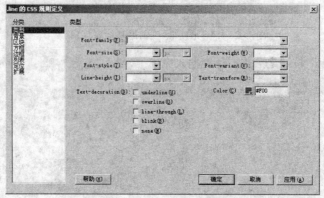

图 1-22-17　CSS 规则定义窗口

（3）选中水平线，然后在属性面板中选择想要应用的样式.line，水平线就变成了红色，效果如图 1-22-18 所示。

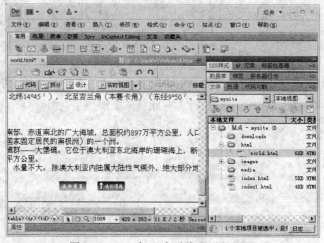

图 1-22-18　加入水平线之后的网页

6. 设置网站内部链接。

（1）选中"返回首页"图片，单击"属性"面板中"链接"属性后的"浏览文件"图标，弹出"选择文件"对话框，选择需链接到的文件，如首页文件 index.html，如图 1-22-19 所示。

（2）单击"确认"按钮，此链接就插入完毕，"属性"面板中的 "链接"属性框中就填入了链接目标文件的路径：../index.html，如图 1-22-20 所示。

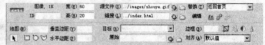

图 1-22-19 "选择文件"对话框 图 1-22-20 "属性"面板

7. 设置页面内部链接。

制作页面内部链接,首先需要设置一个锚点,然后再设置超级链接。

(1)为图片设置页面内部链接。

① 将鼠标移到网页的第一行,即标题的左边,单击"插入→命名锚记"命令,弹出"命名锚记"对话框,为该锚记取名 top,如图 1-22-21 所示。

② 单击"确定"按钮,锚记就被插入第一行,如图 1-22-22 所示。

图 1-22-21 "命名锚记"对话框 图 1-22-22 插入锚记之后的网页

③ 选择网页底部的"返回顶端"图片,在"属性"面板中的"链接(L)"输入框中填入"#top",此链接就插入完毕。

(2)在一张图片中设置多个超级链接。

① 将鼠标移到二级标题文字"亚洲"的右侧,选择"插入→命名锚记"命令,弹出"命名锚记"对话框,为该锚记取名 asia。这时在刚才选中位置的地方自动出现一个锚式标记,如图 1-22-23 所示。

图 1-22-23 插入锚记之后的网页

② 选中网页中的"世界地图"图片，此时可以在"属性"面板的左下方看见一个"地图"区域，在其下方有三个淡蓝色的工具图标，即矩形热点工具、圆形热点工具和多边形热点工具，如图 1-22-24 所示。

图 1-22-24　热点工具

③ 根据需要用鼠标选用多边形热点工具，在图片上勾画不规则的亚洲区域的热点区域。如图 1-22-25 所示，制作好了的热点区域好像被蒙上了一层淡蓝色。

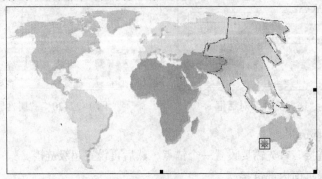

图 1-22-25　有热点区域的图片

④ 选中热点区域，在"属性"面板中的"链接（L）"输入框中填写需要链接的目标地址（如 #asia），这样一个图像热点区域的链接就做好了。

⑤ 同理，分别设置剩下各洲的锚记，制作各洲的图像热点区域，为每个图像热点区域分别制作对应的链接。这样一来就可以实现单击图片的不同区域进入不同的页面了。

8. 设置 E-mail 链接。

（1）在网页的最后，即水平线后面增加一行。在该行输入文字"如有问题，请联系 admin×××@×××.×××"。设定这行文字居中对齐，并套用.text1 格式。

（2）选中文字"admin××××@×××.×××"，在属性面板的"链接（L）"输入框中输入"mailto:admin××××@ ×××. ×××"即可，如图 1-22-26 所示。当单击此链接时，系统会自动打开客户端的邮件收发软件，系统 Windows 下默认为 OutLook 软件。

图 1-22-26　属性面板

9. 设置网站外部链接。

（1）在网页的最后再增加一行，在该行输入文字"友情链接：北京师范大学"，设定这行文字居中对齐，并套用.text1 格式。

（2）选中文字"北京师范大学"，在属性面板的"链接（L）"输入框中输入：http://www.bnu.edu.cn，在"目标（G）"属性中选择"_blank"，表示在新的窗口打开目标网页，如图 1-22-27 所示。

图 1-22-27　属性面板

注意：网站外部链接的目标地址必须是绝对 URL 的超链接，即网页的完整路径。

实验二十三 路由器的基本管理方法

一、实验目的

1. 掌握带外的管理方法：通过 Console 接口配置。
2. 掌握带内的管理方法：通过 telnet 方式配置。

二、实验设备

1. DCR 路由器一台。
2. PC 一台。
3. Console 线、网线各一条。

三、实验拓扑

地址表如下：

DCR 路由器	PC	DCR 路由器	PC
Console	串口	Fa0/0 10.10.10.1	网卡 10.10.10.2

四、实验步骤

1. 带外管理方法：本地管理。

步骤 1 将配置线的一端与路由器的 Console 口相连，另一端与 PC 的串口相连，如图 1-23-1 所示。

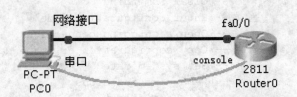

图 1-23-1　路由器配置连接图

步骤 2 在 PC 上运行终端程序。选择"开始"→"程序"→"附件"→"通讯"→"超级终端"命令，同时需要设置终端的硬件参数（包括串口号），如图 1-23-2 所示。

取消配置参数时，可以直接单击"还原为默认值"按钮。配置上述参数的原因是因为路由器的配置口本质上是异步口，异步通信的两端的速率必须事先设置成一样。大多数网络厂商的网络

设备（包括有些带配置口的服务器）出厂时配置口默认速率
是 9600bps，也有个别厂商默认速率是 19200bps。

步骤 3　路由器加电，超级终端会显示路由器自检信息，
自检结束后出现命令提示。

图 1-23-2　超级终端参数设置

```
"PressRETURN to get started".
System Bootstrap, Version 0.1.8
Serial num:8IRT01V11B01000054 ,ID num:000847
Copyright (c) 1996-2000 by China Digitalchina
CO.LTD
DCR-2600 Processor MPC860T @ 50Mhz
The current time: 2007-9-12 6:31:30
Loading DCR-2611.bin......
Start Decompress DCR-2611.bin
############################################################################
############################################################################
############################################################################
Decompress 3587414 byte,Please wait system up..
Digitalchina Internetwork Operating System Software
DCR-2600 Series Software , Version 1.3.3E, RELEASE SOFTWARE
System start up OK
Router console 0 is now available
Press RETURN to get started
```

步骤 4　按【Enter】键进入用户配置模式。DCR-26 系列路由器出厂时没有定义密码，用户
按【Enter】键直接进入普通用户模式，可以使用权限允许范围内的命令，需要帮助可以随时输入
"？"命令，输入 enable 命令，按【Enter】键则进入超级用户模式。这时候用户拥有最大权限，
可以任意配置，并可以随时输入"？"命令取得帮助。

```
Router >enable                                        ！进入特权模式
Router-A#2004-1-1 00:04:39 User DEFAULT enter privilege mode from console 0,
level = 15
Router #?                                             ！查看可用的命令
cd                      -- Change directory
chinese                 -- Help message in Chinese
chmem                   -- Change memory of system
chram                   -- Change memory
clear                   -- Clear something
config                  -- Enter configurative mode
connect                 -- Open a outgoing connection
copy                    -- Copy configuration or image data
date                    -- Set system date
debug                   -- Debugging functions
delete                  -- Delete a file
dir                     -- List files in flash memory
disconnect              -- Disconnect an existing outgoing network
                           connection
download                -- Download with ZMODEM
enable                  -- Turn on privileged commands
english                 -- Help message in English
enter                   -- Turn on privileged commands
exec-script             -- Execute a script on a port or line
```

```
exit                    -- Exit / quit
format                  -- Format file system
help                    -- Description of the interactive help system
history                 -- Look up history
Router-A#ch?                                    ！使用？帮助
chinese                 -- Help message in Chinese
chmem                   -- Change memory of system
chram                   -- Change memory
Router-A#chinese                                ！设置中文帮助
Router-A#?                                       ！再次查看可用命令
cd                      -- 改变当前目录
chinese                 -- 中文帮助信息
chmem                   -- 修改系统内存数据
chram                   -- 修改内存数据
clear                   -- 清除
config                  -- 进入配置态
connect                 -- 打开一个向外的连接
copy                    -- 复制配置方案或内存映像
date                    -- 设置系统时间
debug                   -- 分析功能
delete                  -- 删除一个文件
dir                     -- 显示闪存中的文件
disconnect              -- 断开活跃的网络连接
download                -- 通过 ZMODEM 协议下载文件
enable                  -- 进入特权方式
english                 -- 英文帮助信息
enter                   -- 进入特权方式
exec-script             -- 在指定接口运行指定的脚本
exit                    -- 退回或退出
format                  -- 格式化文件系统
help                    -- 交互式帮助系统描述
history                 -- 查看历史
keepalive               -- 保活探测
--More-
```

2. 带内远程的管理方法：Telnet 方式登录。

步骤 1　设置路由器以太网接口地址并启动 AAA 认证。

```
Router>enable                                            ！进入特权模式
Router#config                                            ！进入全局配置模式
Router_config#hostname Router-A                          ！配置路由器名字
Router-A_config#enable password 0 12345                  !设置特权密码
Router-A_config#aaa authentication enable default enable    ！开启 aaa 认证
Router-A_config#username user1 password 0 12345      ！创建一个本地用户
                             !user,并设置其密码为 12345
Router-A_config# aaa authentication login bnu local      !开启路由器登录
                                         !认证，定义登录过程名为 bnu
Router-A_config#line vty 0 4
Router-A_config_line#login authentication bnu
                              !将登录过程名应用到虚拟 telnet 接口
Router-A_config#interface f0/0                           ！进入接口模式
Router-A_config_f0/0#ip address 10.10.10.1 255.255.255.0   ！设置 IP 地址
Router-A_config_f0/0#no shutdown
Router-A_config_f0/0#^Z
```

```
Router-A#show interface f0/0                          ！验证
FastEthernet0/0 is up, line protocol is up            ！接口和协议都必须 up
address is 00e0.0f18.1a70
Interface address is 192.168.2.1/24
MTU 1500 bytes, BW 100000 kbit, DLY 10 usec
Encapsulation ARPA, loopback not set
Keepalive not set
ARP type: ARPA, ARP timeout 04:00:00
60 second input rate 0 bits/sec, 0 packets/sec!
60 second output rate 6 bits/sec, 0 packets/sec!
Full-duplex, 100Mb/s, 100BaseTX, 1 Interrupt
0 packets input, 0 bytes, 200 rx_freebuf
Received 0 unicasts, 0 lowmark, 0 ri, 0 throttles
0 input errors, 0 CRC, 0 framing, 0 overrun, 0 long
1 packets output, 46 bytes, 50 tx_freebd, 0 underruns
0 output errors, 0 collisions, 0 interface resets
0 babbles, 0 late collisions, 0 deferred, 0 err600
0 lost carrier, 0 no carrier 0 grace stop 0 bus error
0 output buffer failures, 0 output buffers swapped out
```

步骤 2　设置 PC 的 IP 地址并测试连通性。将 PC 机 IP 地址设置为 10.10.10.2/24。

步骤 3　在 PC 上 Telnet 到路由器。运行 Telnet 10.10.10.1 命令，出现图 1-23-3 所示的结果。

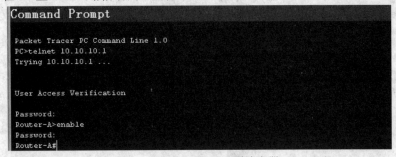

图 1-23-3　telnet 登录到路由器

五、实验结果及分析

以 Word 文档的形式，完成以下内容，并以"实验名称_学生姓名_学号"为文件名提交。

1. 绘制实验拓扑图，标明使用的具体接口。
2. "?"用法总结。
3. 模式切换命令用法总结。

实验二十四 路由器的系统文件维护

一、实验目的

1. 理解系统文件在网络设备中的作用。
2. 理解系统文件备份和升级过程。
3. 学会在各种特殊情况下的系统升级和维护。

二、实验设备

1. DCR 路由器一台。
2. PC 机一台。
3. 交叉双绞线一根。
4. TFTP 软件一套。

三、实验拓扑

本实验拓扑图如图 1-24-1 所示。

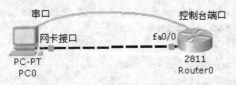

图 1-24-1　实验二十四拓扑图

地址表如下：

DCR 路由器	PC 机	DCR 路由器	PC 机
Console	串口	Fa0/0 10.10.10.1	网卡　10.10.10.2

四、实验步骤

1. TFTP 服务器的安装和使用。

目前，3COM 公司的 TFTP 软件最为流行。首先要安装 TFTP 软件，安装完毕之后设定根目录，需要使用的时候，开启 TFTP 服务器即可。

我们以 3COM TFTP 服务器软件为例进行介绍，其安装过程非常简单，双击安装程序即可。运行该软将出现如图 1-24-2 所示的画面。

在其主界面中，我们单击 Configure TFTP Server 按钮。配置 TFTP 的根目录，本例中我们把

TFTP 根目录设置为 D:\ios ，其 IP 地址也自动出现：10.10.10.2。可以更改根目录到你需要的任何位置。

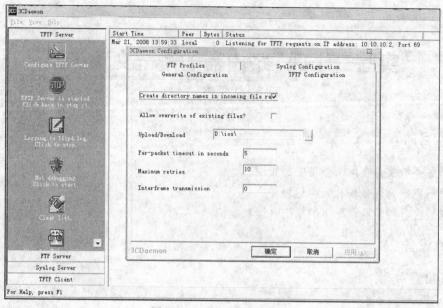

图 1-24-2　TFTP 软件配置

2．正常状态下系统文件的备份和升级操作。

（1）路由器接口配置。

```
Router>enable                                          ! 进入特权模式
Router #config                                         ! 进入全局配置模式
Router _config#interface f0/0                          ! 进入接口模式
Router _config_f0/0#ip address 10.10.10.1 255.255.255.0  ! 设置 IP 地址
Router _config_f0/0#no shutdown
Router _config_f0/0#^Z
```

（2）验证与 PC 的连通性，如图 1-24-3 所示。

图 1-24-3　连通性测试

由于 PC 上很多情况下安装了个人防火墙，可能从路由器 ping PC 的 IP 地址不通。但从 PC ping 路由器的 IP 地址应该是通的。

（3）查看路由器系统文件名。

```
Router-A#dir
Directory of /:
```

```
0    Router.bin             <FILE>    5058431    Thu Jan  3 14:32:22 2002
free space 3309568
```
（4）使用命令开启路由器系统文件的备份。
```
Router#copy flash: tftp:
Source file name[Router.bin]?    ！ TFTP 根目录下不能有同名字的文件。
Remote-server ip address[ ]?10.10.10.2 !TFTP 的 IP 地址
Destination file name[Router.bin]?
######################################################################
######################################################################
## （略）
TFTP:successfully receive 6623 blocks ,3390853 bytes
Router#
```
（5）路由器操作系统 IOS 的升级。
```
Router#copy tftp: flash:
          ! 有时 flash:空间不够，需要删除原文件或格式化 flash:，例如：Router#format
Source file name[]?Router.bin    ！ 事先要把 IOS 影像文件复制到 TFTP 根目录下
Remote-server ip address[ ]?10.10.10.2 !TFTP 的 IP 地址
Destination file name[Router.bin]?
######################################################################
######################################################################
## （略）
TFTP:successfully receive 6623 blocks ,3390853 bytes
Router#
```
3. 紧急恢复情况下的系统文件升级。

（1）进入网络设备特殊监视器模式。在 DCR-2600 系列路由器中，将设备加电重启之后，一直按住【Ctrl+Break】组合键，即可进入 2600 系列路由器的 monitor 模式，如下所示：
```
System Bootstrap, Version 0.1.8
Serial num:8IRT01V11B01000054 ,ID num:000847
Copyright (c) 1996-2000 by China Digitalchina CO.LTD
DCR-2600 Processor MPC860T @ 50Mhz
The current time: 2008-3-12 4:44:13
          Welcome to DCR Multi-Protool 2600 Series Router
monitor#
```
（2）使用命令配置网络基本信息，验证与 TFTP 服务器的连通性。
```
monitor#ip address 10.10.10.10.1 255.255.255.0
                    ! 配置路由器编号最低接口 IP 地址，通常为 fa0/0
monitor#ping 10.10.10.2
Ping 10.10.10.2 with 48 bytes of data:
Reply from 10.10.10.2: bytes=48 time=10ms TTL=128
Reply from 10.10.10.2: bytes=48 time=10ms TTL=128
Reply from 10.10.10.2: bytes=48 time=10ms TTL=128
Reply from 10.10.10.2: bytes=48 time=10ms TTL=128
4 packets sent, 4 packets received
round trip min/avg/max = 10/10/10 ms
monitor#
```
（3）使用命令开启系统文件恢复过程。
```
monitor#copy tftp: flash:
Source file name[]?Router.bin
```

```
Remote-server ip address[ ]?10.10.10.2  !TFTP 的 IP 地址
Destination file name[Router.bin]?
######################################################################
######################################################################
##
TFTP:successfully receive 6623 blocks ,3390853 bytes
monitor#
```

五、实验结果及分析

以 Word 文档的形式，完成以下内容，并以"实验名称_学生姓名_学号"作为文件名提交。

1. 所用设备的型号及软件的版本。
2. 绘制实验拓扑图。
3. 正常情况下的路由器配置文件。
4. 正常启动时系统文件备份操作过程。
5. BOOTROM 模式下的系统升级操作过程。
6. 路由器清除管理密码步骤。
7. 在 Monitor 状态下配置的 IP 地址是配置的路由器哪个接口的 IP 地址？

实验二十五 静态路由的配置

一、实验目的

1、理解路由表的作用。
2、掌握静态路由的配置方法。

二、实验设备

1. DCR 路由器三台。
2. CR-V35FC 一条。
3. CR-V35MT 一条。
4. 网线若干条及 PC 若干台。

三、实验拓扑

本实验拓扑图如图 1-25-1 所示。

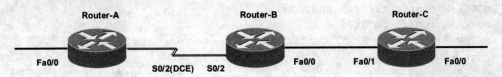

图 1-25-1　实验二十五拓扑图

地址表如下：

Router-A		Router-B		Router-C	
S0/2	192.168.20.1/24	S0/2	192.168.20.2/24	F0/0	192.168.40.1/24
F0/0	192.168.11.1/24	F0/0	192.168.30.1/24	F0/1	192.168.30.2/24

四、实验步骤

1. 参照前面的实验方法，按照上表配置所有接口（包括串行接口）的 IP 地址，保证所有接口是 up 状态，然后测试其连通性。

```
Router-A:
Router-A#config                                          ! 设置 enable 密码
Router-A_config#enable password 0 12345
Router-A_config#aaa authentication enable default enable  ! 配置 f0/0 接口
Router-A_config#interface f0/0
Router-A_config_f0/0#ip address 192.168.11.1 255.255.255.0
```

```
Router-A_config_f0/0#no shutdown
Router-A_config_f0/0#^Z
Router-A#ping 192.168.11.2
Ping 192.168.11.2 (192.168.11.2): 56 data bytes
!!!!!
--- 192.168.11.2 ping statistics ---
5 packets transmitted, 5 packets received, 0% packet loss
round-trip min/avg/max = 0/0/0 ms
Router-A#config                          ! 配置 s0/2 接口
Router-A_config#interface s0/2
Router-A_config_s0/2#ip address 192.168.20.1 255.255.255.0
Router-A_config_s0/2#encapsulation hdlc
Router-A_config_s0/2#physical-layer speed 64000
Router-A_config_s0/2#no shutdown
Router-B:
Router-B_config#enable password 0 12345      ! 设置 enable 密码
Router-B_config#aaa authentication enable default enable
Router-B#conf
ROUTER-B_config#interface s0/2               ! 配置 s0/2 接口
ROUTER-B_config_s0/2#ip address 192.168.20.2 255.255.255.0
ROUTER-B_config_s0/2#encapsulation hdlc
ROUTER-B_config_s0/2#physical-layer speed 64000
ROUTER-B_config_s0/2#no shutdown
ROUTER-B_config_s0/2#^Z
ROUTER-B#conf
ROUTER-B_config#interfacef0/0                ! 配置 f0/0 接口
ROUTER-B_config_f0/0#ip address 192.168.30.1 255.255.255.0
ROUTER-B_config_f0/0#no shutdown
ROUTER-B_config_f0/0#^Z
ROUTER-B#Jan  7 23:22:52 Configured from console 0 by
Router-C:
ROUTER-C#conf                                ! 配置 f0/0 接口
ROUTER-C_config#interface f0/0
ROUTER-C_config_f0/0#ip address 192.168.30.2 255.255.255.0
ROUTER-C_config_f0/0#no shutdown             ! 配置 f0/1 接口
ROUTER-C_config_f0/0#int f0/1
ROUTER-C_config_f0/1#ip address 192.168.40.1 255.255.255.0
ROUTER-C_config_f0/1#no shutdown             ! 设置 enable 密码
Router-C_config#username Router-C password 0 12345
Router-C_config#enable password 0 12345
Router-C_config#aaa authentication enable default enable
```

2. 配置静态路由表。

```
Router-A:
ROUTER-A#show ip route                       ! 查路由器当前路由表
Codes: C - connected, S - static, R - RIP, B - BGP, BC - BGP connected
      D - DEIGRP, DEX - external DEIGRP, O - OSPF, OIA - OSPF inter area
      ON1 - OSPF NSSA external type 1, ON2 - OSPF NSSA external type 2
      OE1 - OSPF external type 1, OE2 - OSPF external type 2
      DHCP - DHCP type
VRF ID: 0
```

```
C     192.168.11.0/24     is directly connected, FastEthernet0/0
C     192.168.20.0/24     is directly connected, Serial0/2
ROUTER-A_config#ip route 192.168.30.0 255.255.255.0 192.168.20.2
                                                !配置静态路由
ROUTER-A_config#ip route 192.168.40.0 255.255.255.0 192.168.20.2
                                                !配置静态路由
ROUTER-A#show ip route                          !检查路由表
Codes: C - connected, S - static, R - RIP, B - BGP, BC - BGP connected
      D - DEIGRP, DEX - external DEIGRP, O - OSPF, OIA - OSPF inter area
      ON1 - OSPF NSSA external type 1, ON2 - OSPF NSSA external type 2
      OE1 - OSPF external type 1, OE2 - OSPF external type 2
      DHCP - DHCP type
VRF ID: 0
C     192.168.11.0/24     is directly connected, FastEthernet0/0
C     192.168.20.0/24     is directly connected, Serial0/2
S     192.168.30.0/24     [1,0] via 192.168.20.2(on Serial0/2)
S     192.168.40.0/24     [1,0] via 192.168.20.2(on Serial0/2)
Router-B:
ROUTER-B#show ip route
Codes: C - connected, S - static, R - RIP, B - BGP, BC - BGP connected
      D - DEIGRP, DEX - external DEIGRP, O - OSPF, OIA - OSPF inter area
      ON1 - OSPF NSSA external type 1, ON2 - OSPF NSSA external type 2
      OE1 - OSPF external type 1, OE2 - OSPF external type 2
      DHCP - DHCP type
VRF ID: 0
C     192.168.20.0/24     is directly connected, Serial0/2
C     192.168.30.0/24     is directly connected, FastEthernet0/0
ROUTER-B_config#ip route 192.168.11.0 255.255.255.0 192.168.20.1
ROUTER-B_config#ip route 192.168.40.0 255.255.255.0 192.168.30.2
ROUTER-B#show ip route
Codes: C - connected, S - static, R - RIP, B - BGP, BC - BGP connected
      D - DEIGRP, DEX - external DEIGRP, O - OSPF, OIA - OSPF inter area
      ON1 - OSPF NSSA external type 1, ON2 - OSPF NSSA external type 2
      OE1 - OSPF external type 1, OE2 - OSPF external type 2
      DHCP - DHCP type
VRF ID: 0
S     192.168.11.0/24     [1,0] via 192.168.20.1(on Serial0/2)
C     192.168.20.0/24     is directly connected, Serial0/2
C     192.168.30.0/24     is directly connected, FastEthernet0/0
S     192.168.40.0/24     [1,0] via 192.168.30.2(on FastEthernet0/0)
Router-C:
Router-C#show ip route
Codes: C - connected, S - static, R - RIP, B - BGP, BC - BGP connected
      D - DEIGRP, DEX - external DEIGRP, O - OSPF, OIA - OSPF inter area
      ON1 - OSPF NSSA external type 1, ON2 - OSPF NSSA external type 2
      OE1 - OSPF external type 1, OE2 - OSPF external type 2
      DHCP - DHCP type
VRF ID: 0
C     192.168.30.0/24     is directly connected, FastEthernet0/0
C     192.168.40.0/24     is directly connected, FastEthernet0/1
```

```
Router-C_config#ip route 192.168.20.0 255.255.255.0 192.168.30.1
Router-C_config#ip route 192.168.11.0 255.255.255.0 192.168.30.1
Router-C#show ip route
Codes: C - connected, S - static, R - RIP, B - BGP, BC - BGP connected
       D - DEIGRP, DEX - external DEIGRP, O - OSPF, OIA - OSPF inter area
       ON1 - OSPF NSSA external type 1, ON2 - OSPF NSSA external type 2
       OE1 - OSPF external type 1, OE2 - OSPF external type 2
       DHCP - DHCP type
VRF ID: 0
S     192.168.11.0/24      [1,0] via 192.168.30.1(on FastEthernet0/0)
S     192.168.20.0/24      [1,0] via 192.168.30.1(on FastEthernet0/0)
C     192.168.30.0/24      is directly connected, FastEthernet0/0
C     192.168.40.0/24      is directly connected, FastEthernet0/1
Router-C_config#exit
```

3. 测试连通性，通过 192.168.11.0/24 上的一台 PC 机 ping 其他 IP 地址（其他类似）。

```
C:\Documents and Settings\Administrator>ping 192.168.40.1
Pinging 192.168.40.1 with 32 bytes of data:
Ping statistics for 192.168.40.1:
!!!!!                                              ! 成功
Packets: Sent = 5, Received = 5, Lost = 0 (0% loss),
Approximate round trip times in milli-seconds:
Minimum = 20ms, Maximum = 26ms, Average = 23ms
```

五、实验结果及分析

以 Word 文档的形式，完成以下内容，并以"实验名称_学生姓名_学号"作为文件名提交。

1. 所用设备型号、软件版本。

2. 绘制实验拓扑图（标明使用的具体接口）。

3. 三台路由器接口下的配置。

4. 每台路由器配置的静态路由。

5. 静态路由配置命令解析。

配置模式：

IP route	网络地址	子网掩码	下一跳地址

（1）IP route 代表什么？

（2）A.B.C.D（网络地址）+掩码代表什么？

（3）下一跳地址代表什么？

实验二十六 路由器 RIP1 的配置

一、实验目的

1. 掌握动态路由的配置方法。
2. 理解 RIP 的工作过程。

二、实验设备

1. DCR 路由器三台。
2. CR-V35FC 一条。
3. CR-V35MT 一条。
4. 网线若干条及 PC 若干台。

三、实验拓扑

本实验拓扑图如图 1-26-1 所示。

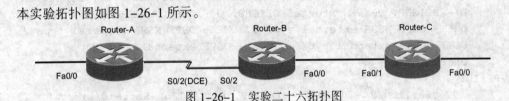

图 1-26-1　实验二十六拓扑图

地址表如下：

Router-A		Router-B		Router-C	
S0/2（DCE）	192.168.20.1/24	S0/2（DTE）	192.168.20.2/24	F0/0	192.168.40.1/24
F0/0	192.168.11.1/24	F0/0	192.168.30.1/24	F0/1	192.168.30.2/24

四、实验步骤

1. 参照实验二十五，按照上表配置所有接口的 IP 地址，保证所有接口全部是 up 状态，并测试其连通性。

2. 查看 ROUTER-A 的路由表，同实验二十五。

3. 查看 ROUTER-B 的路由表，同实验二十五。

4. 查看 ROUTER-C 的路由表，同实验二十五。

5. 在 ROUTER-A 上 ping 路由器 3。

```
ROUTER-A#ping 192.168.30.2
Ping 192.168.30.2 (192.168.30.2): 56 data bytes
```

```
.....
--- 192.168.30.2 ping statistics ---
5 packets transmitted, 0 packets received, 100% packet loss     ! 不通
```

6. 在路由器 A 上配置 RIP 并查看路由表。

```
ROUTER-A_config#router rip                                    ! 启动 RIP
ROUTER-A_config_rip#network 192.168.20.0                      ! 宣告网络
ROUTER-A_config_rip#network 192.168.11.0
ROUTER-A_config_rip#^Z
ROUTER-A#sh ip route
Codes: C - connected, S - static, R - RIP, B - BGP, BC - BGP connected
       D - DEIGRP, DEX - external DEIGRP, O - OSPF, OIA - OSPF inter area
       ON1 - OSPF NSSA external type 1, ON2 - OSPF NSSA external type 2
       OE1 - OSPF external type 1, OE2 - OSPF external type 2
       DHCP - DHCP type
VRF ID: 0
C    192.168.11.0/24   is directly connected, FastEthernet0/0
C    192.168.20.0/24   is directly connected, Serial0/2
```
                                    ! 注意到并没有出现 RIP 学习到的路由

7. 在路由器 B 上配置 RIP 并查看路由表。

```
ROUTER-B_config#router rip
ROUTER-B_config_rip#network 192.168.20.0
ROUTER-B_config_rip#network 192.168.30.0
ROUTER-B_config_rip#^Z
ROUTER-B#show ip route
Codes: C - connected, S - static, R - RIP, B - BGP, BC - BGP connected
       D - DEIGRP, DEX - external DEIGRP, O - OSPF, OIA - OSPF inter area
       ON1 - OSPF NSSA external type 1, ON2 - OSPF NSSA external type 2
       OE1 - OSPF external type 1, OE2 - OSPF external type 2
       DHCP - DHCP type
VRF ID: 0
R    192.168.11.0/24   [120,1] via 192.168.20.1(on Serial0/2)
```
                                    ! 从 A 学习到的路由
```
C    192.168.20.0/24   is directly connected, Serial0/2
C    192.168.30.0/24   is directly connected, FastEthernet0/0
```

8. 在路由器 C 上配置 RIP 并查看路由表。

```
ROUTER-C_config#router rip
ROUTER-C_config_rip#network 192.168.30.0
ROUTER-C_config_rip#network 192.168.40.0
ROUTER-C_config_rip#^Z
ROUTER-C#show ip route
Codes: C - connected, S - static, R - RIP, B - BGP
       D - DEIGRP, DEX - external DEIGRP, O - OSPF, OIA - OSPF inter area
       ON1 - OSPF NSSA external type 1, ON2 - OSPF NSSA external type 2
       OE1 - OSPF external type 1, OE2 - OSPF external type 2
R    192.168.11.0/24   [120,2] via 192.168.30.1(on  FastEthernet0/0)
R    192.168.20.0/24   [120,1] via 192.168.30.1(on  FastEthernet0/0)
C    192.168.30.0/24   is directly connected, FastEthernet0/0
C    192.168.40.0/24   is directly connected, FastEthernet0/1
```

9. 再次查看路由器 A 和路由器 B 的路由表。

```
ROUTER-B#show ip route
Codes: C - connected, S - static, R - RIP, B - BGP, BC - BGP connected
       D - DEIGRP, DEX - external DEIGRP, O - OSPF, OIA - OSPF inter area
       ON1 - OSPF NSSA external type 1, ON2 - OSPF NSSA external type 2
       OE1 - OSPF external type 1, OE2 - OSPF external type 2
       DHCP - DHCP type
VRF ID: 0
R     192.168.11.0/24     [120,1] via 192.168.20.1(on Serial0/2)
C     192.168.20.0/24     is directly connected, Serial0/2
C     192.168.30.0/24     is directly connected, FastEthernet0/0
R     192.168.40.0/24     [120,1] via 192.168.30.2(on FastEthernet0/0)
ROUTER-A#show ip route
Codes: C - connected, S - static, R - RIP, B - BGP, BC - BGP connected
       D - DEIGRP, DEX - external DEIGRP, O - OSPF, OIA - OSPF inter area
       ON1 - OSPF NSSA external type 1, ON2 - OSPF NSSA external type 2
       OE1 - OSPF external type 1, OE2 - OSPF external type 2
       DHCP - DHCP type
VRF ID: 0
C     192.168.11.0/24     is directly connected, FastEthernet0/0
C     192.168.20.0/24     is directly connected, Serial0/2
R     192.168.30.0/24     [120,1] via 192.168.20.2(on Serial0/2)
R     192.168.40.0/24     [120,2] via 192.168.20.2(on Serial0/2)
```
! 注意学习到了所有网络的路由

10. 相关的查看命令。

```
ROUTER-A#show ip rip                                      ! 显示 RIP 状态
RIP protocol: Enabled
Global version: default( Decided on the interface version control )
Update: 30,  Expire: 180,  Holddown: 120
Input-queue: 50
Validate-update-source enable
No neighbor
Router-A#sh ip rip protocol                               ! 显示协议细节
RIP is Active
Sending updates every 30 seconds, next due in 30 seconds  ! 注意定时器的值
Invalid after 180 seconds, holddown 120
update filter list for all interfaces is:
update offset list for all interfaces is:
Redistributing:
Default version control: send version 1, receive version 1 2
Interface         Send         Recv
FastEthernet0/0    1            1 2
Serial0/2          1            1 2
Automatic network summarization is in effect
Routing for Networks:
192.168.20.0/24
192.168.11.0/24
Distance: 120 (default is 120)                            ! 注意默认的管理距离
Maximum route count: 1024,    Route count:6
ROUTER-A#show ip rip database                             ! 显示 RIP 数据库
```

```
192.168.11.0/24   directly connected   FastEthernet0/0
192.168.11.0/24   auto-summary
192.168.20.0/24   directly connected   Serial0/2
192.168.20.0/24   auto-summary
192.168.30.0/24   [120,1]  via 192.168.20.2 (on Serial0/2) 00:00:13
                                                          ! 收到 RIP 广播的时间
192.168.40.0/24   [120,2]  via 192.168.20.2 (on Serial0/2)  00:00:13
ROUTER-B#sh ip route rip                             ! 仅显示 RIP 学习到的路由
R      192.168.30.0/24      [120,1]  via 192.168.20.2(on Serial0/2)
R      192.168.40.0/24      [120,2]  via 192.168.20.2(on Serial0/2)
```

五、实验结果及分析

以 Word 文档的形式，完成以下内容，并以"实验名称_学生姓名_学号"作为文件名提交。

1. 所用设备型号、软件版本。

2. 绘制实验拓扑图（标明使用的具体接口）。

3. 三台路由器的配置文件。

4. 路由器路由协议配置。

动态路由配置命令解析：开启命令，配置哪些网络段，使用什么命令配置 RIP 版本号。

5. RIP 协议的查看命令。

实验二十七 单区域 OSPF 配置

一、实验目的

1. 掌握单区域 OSPF 的配置。
2. 理解链路状态路由协议的工作过程。
3. 掌握实验环境中回环接口的配置。

二、实验设备

1. DCR 路由器三台。
2. DCS 交换机一台。
3. 网线若干条及 PC 若干台。

三、实验拓扑

本实验拓扑图如图 1-27-1 所示。

图 1-27-1　实验二十七拓扑图

地址表如下：

	Router-A		Router-B		Router-C
Fa0/0	192.168.10.1/24	Fa0/1	192.168.20.2/24	Fa0/1	192.168.30.2/24
F0/1	192.168.20.1/24	F0/0	192.168.30.1/24	F0/0	192.168.40.1/24

四、实验步骤

1. 路由器各接口的配置。

路由器 A：

```
Router-A_config#int fa 0/0
Router-A_config_f0/0#ip add 192.168.10.1 255.255.255.0
Router-A_config_f0/0#int fa0/1
Router-A_config_f0/1#ip add 192.168.20.1 255.255.255.0
Router-A_config_f0/1#^Z
```

路由器 B：

```
Router-B#config
```

```
Router-B_config#interface fa0/0
Router-B_config_f0/0#ip address  192.168.30.1 255.255.255.0
Router-B_config_ f0/0#exit
Router-B_config#interface fa0/1
Router-B_config_f0/1#ip address 192.168.20.2 255.255.255.0
```

路由器 C：
```
Router-C_config#int f0/1
Router-C_config_f0/1#ip add 192.168.30.2 255.255.255.0
Router-C_config_f0/1#int fa 0/0
Router-C_config_f0/0#ip add 192.168.40.1 255.255.255.0
Router-C_config_f0/0#^Z
```

2．验证接口配置。
```
Router-A#show ip int b
Interface              IP-Address      Method Protocol-Status
Async0/0               unassigned      manual down
Serial0/2              unassigned      manual down
Serial0/3              unassigned      manual down
FastEthernet0/0        192.168.10.1    manual up
FastEthernet0/1        192.168.20.1    manual up
```
其他两个路由器验证类似。

3．路由器的 OSPF 配置。

路由器 A 的配置：
```
Router-A_config#router ospf 1                    ！启动 OSPF 进程，进程号为 1
Router-A_config_ospf_1#network 192.168.10.0 255.255.255.0 area 0
                                                 ！注意要写掩码和区域号
Router-A_config_ospf_1#network 192.168.20.0 255.255.255.0 area 0
```
路由器 B 的配置：
```
Router-B_config#router ospf 2
Router-B_config_ospf_2# network 192.168.20.0 255.255.255.0 area 0
Router-B_config_ospf_2#network 192.168.30.0 255.255.255.0 area 0
```
路由器 C 的配置：
```
Router-C_config#router os 3
Router-C_config_ospf_3#net 192.168.30.0 255.255.255.0 area 0
Router-C_config_ospf_3# net 192.168.40.0 255.255.255.0 area 0
Router-C_config_ospf_3#^Z
```
4．查看路由表。

5．测试网络连通性。

五、实验结果及分析

以 Word 文档的形式，完成以下内容，并以"实验名称_学生姓名_学号"作为文件名提交。

1．所用设备型号、软件版本。

2．绘制实验拓扑图（标明使用的具体接口）。

3．三台路由器的配置文件。

4．路由器路由协议配置。

动态路由配置命令解析：开启命令，配置哪些网络段，路由器间 ospf 进程 id 可以一样吗？

实验二十八 NAT 地址转换的配置

一、实验目的

1. 掌握地址转换的配置。
2. 掌握向外发布内部服务器地址转换的方法。
3. 掌握私有地址访问 Internet 的配置方法。

二、实验设备

1. DCR-2611 两台。
2. DCS 交换机一台。
3. 网线若干条及 PC 若干台。
4. V35 背对背电缆一对。

三、实验拓扑

本实验拓扑图如图 1-28-1 所示。

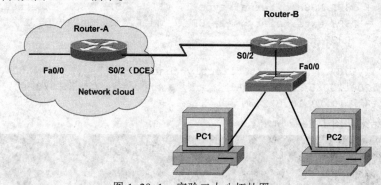

图 1-28-1　实验二十八拓扑图

地址表如下：

	Router-A		Router-B		PC	
S0/2(DCE)	200.200.200.1/28	S0/2(DTE)	200.200.200.2/28	PC1	10.10.10.2/24
F0/0	200.1.1.1/24	F0/0	10.10.10.1/24	PC2；Server	10.10.10.11/24

四、实验步骤

1. 按上表将接口地址和 PC 地址配置好，并且做相邻设备间连通性测试。

为路由器 B 添加默认路由,路由器 A 在本例中不需配置路由,但在实际情况下,Network Cloud 部分一般包含许多路由器和交换机设备,它们之间是需要运行路由协议的。

2. 配置 ROUTER-B 的 NAT。

```
Router-B#conf
Router-B_config#ip access-list standard 1              ！定义访问控制列表
Router-B_config_std_nacl#permit 10.10.10.0 255.255.255.0
                                                    ！定义允许转换的源地址范围

Router-B_config_std_nacl#exit
Router-B_config#ip    nat    pool    net10    200.200.200.2    200.200.200.10
255.255.255.240   ！定义名为 net10 的转换地址池
Router-B_config#ip nat inside source list 1 pool net10 overload
！配置将 ACL 允许的源地址转换成 net10 中的地址,并且做 PAT 的地址复用
Router-B_config#ip nat inside source static 10.10.10.11 200.200.200.11
！为内网中服务器定义静态地址转换,使得外网 IP 节点可以访问内网服务器,并且当
！从外网访问 200.200.200.11 时,就访问了服务器 10.10.10.11。
Router-B_config#int f0/0
Router-B_config_f0/0#ip nat inside                     ！定义 F0/0 为内部接口
Router-B_config_f0/0#int s0/2
Router-B_config_s0/2#ip nat outside                    ！定义 S0/2 为外部接口
Router-B_config_s0/2#exit
Router-B_config#ip route 0.0.0.0 0.0.0.0 200.200.200.1
                                                    ！配置路由器 B 的默认路由
```

3. 查看 ROUTER-A 的路由表。

```
Router-A#show ip route
Codes: C - connected, S - static, R - RIP, B - BGP, BC - BGP connected
      D - DEIGRP, DEX - external DEIGRP, O - OSPF, OIA - OSPF inter area
      ON1 - OSPF NSSA external type 1, ON2 - OSPF NSSA external type 2
      OE1 - OSPF external type 1, OE2 - OSPF external type 2
      DHCP - DHCP type
VRF ID: 0
C    200.1.1.0/24        is directly connected, FastEthernet0/0
C    200.200.200.0/28    is directly connected, Serial0/2
！注意：并没有到 10.10.10.0/24 的路由
```

4. 测试,结果如图 1-28-2 所示。

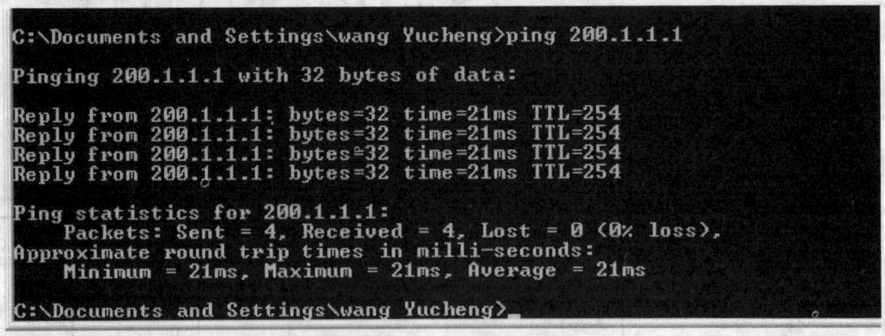

图 1-28-2　连通性测试

5. 监视 NAT。

```
Router-B#show ip nat translations
Pro. Dir Inside local  Inside global    Outside local    Outside global
```

```
ICMPOUT 10.10.10.2:58  200.200.200.2:3058 200.1.1.1:3058    200.1.1.1:3058
Router-B#show ip nat statistics
Total active translations: 1 (0 static, 0 dynamic, 1 PAT)
Outside interfaces:
       Serial0/2
Inside interfaces:
       FastEthernet0/0
Dynamic mappings:
--Inside Source
--Inside Destination
Link items:
       PAT(ICMP=1 UDP=0 TCP=0 / TOTAL=1), Dynamic=0
Packets dropped:
--Protocol:
       Out: tcp 0, udp 0, icmp 0, others 0
       In: tcp 0, udp 0, icmp 0, others 0
--Configuration:
       max entries 0, max entries for host 0
Router-B#deb ip nat detail
2008-3-20  12:55:27 NAT Serial0/2: TX. ICMP s=10.10.10.2:63->200.200.200.
2:3063, d=200.1.1.1:3063 translated
```
! 在路由器 B 上，出去的包源 ip 地址 10.10.10.2 被转换为 200.200.200.2，同时注意端口号的对应
```
2008-3-20 12:55:27 NAT Serial0/2: RX. ICMP s=200.1.1.1:3063, d=200.200.200.
2:3063  ->10.10.10.2:63 translated
```
! 回来的包目的地址 200.200.200.2 在路由器 B 上被转换为 10.10.10.2，同时注意端口号的对应
```
2008-3-20 12:55:27 NAT Serial0/2: TX. ICMP s=10.10.10.2:63->200.200.200.2:
3063, d=200.1.1.1:3063 translated
```
其他监控 NAT 的常用命令
```
Router-B#show ip nat translations verbose
Router-B#show ip nat translations host 10.10.10.2
Router-B#show ip nat translations tcp
```

五、实验结果及分析

以 Word 文档的形式，完成以下内容，并以"实验名称_学生姓名_学号"作为文件名提交。

1. 所用设备型号、软件版本。

2. 绘制实验拓扑图（标明使用的具体接口）。

3. 两台路由器的配置文件。

4. 本实验中，访问控制列表 1 的作用是什么？

5. 第二步后验证 PC 和外网之间的连通性，为什么 A 没有回返路由的情况下也可以连通？

6. 如果内网有服务器需要访问外网，应该如何配置？

实验二十九 \ 交换机基础配置

一、实验目的

1. 了解交换机的文件管理。
2. 了解什么时候需要将交换机恢复成出厂设置。
3. 了解交换机恢复出厂设置的方法。
4. 了解交换机的一些基本配置命令。

二、实验设备

1. DCS 二层交换机一台。
2. PC 一台。
3. Console 线一根。

三、实验拓扑

本实验拓扑图如图 1-29-1 所示。

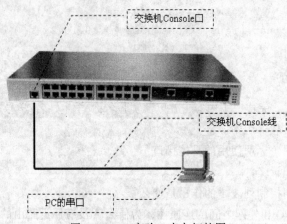

图 1-29-1 实验二十九拓扑图

四、实验步骤

1. 为交换机上设置 enable 密码。

```
switch>enable
switch#config t                                    ！进入全局配置模式
switch(Config)#enable password level admin
```

```
Current password:                                    ! 原密码为空, 直接回车
New password: *****                                  ! 输入密码
Confirm new password: *****
switch(Config)#exit
switch#write
switch#
```

验证配置:

● 验证方法 1　重新进入交换机。

```
switch#exit                                          ! 退出特权用户配置模式
switch>
switch>enable                                        ! 进入特权用户配置模式
Password: *****
switch#
```

● 验证方法 2　show 命令来查看。

```
switch#show running-config
Current configuration:
enable password level admin 827ccb0eea8a706c4c34a16891f84e7b
                                ! 该行显示了已经为交换机配置了 enable 密码
hostname switch
Vlan 1
vlan 1
...                                                  ! 省略部分显示
```

2. 清空交换机的配置。

```
switch>enable                                        ! 进入特权用户配置模式
switch#set default                                   ! 使用 set default 命令
Are you sure? [Y/N] = y                              ! 是否确认?
switch#write                                         ! 清空 startup-config 文件
switch #show startup-config                          ! 显示当前的 startup-config 文件
This is first time start up system.                  ! 系统提示此启动文件为出厂默认配置
switch#reload                                        ! 重新启动交换机
Process with reboot? [Y/N] y
```

验证测试:

● 验证方法 1　重新进入交换机。

```
switch>
switch>enable
switch#                                              ! 已经不需要输入密码就可进入特权模式
```

● 验证方法 2　用 show 命令来查看。

```
switch#show running-config
Current configuration:
hostname switch                                      ! 已经没有 enable 密码显示了
Vlan 1
vlan 1
...                                                  ! 省略部分显示
```

3. 使用 show flash 命令。

```
switch#show flash
file name            file length
nos.img              2620035 bytes                   ! 交换机软件系统
startup-config         0 bytes                       ! 启动配置文件当前内容为空
```

```
running-config        783 bytes              ! 当前配置文件
switch#
switch#write                                 ! 当前运行配置文件写入启动配置文件
switch#show flash
file name         file length
nos.img           2620035 bytes              ! 交换机软件系统
startup-config        783 bytes              ! 启动配置文件当前内容已配置
running-config        783 bytes              ! 当前配置文件
```

4. 设置交换机系统日期和时钟。

```
switch#clock set ?                           ! 使用？查询命令格式
  <HH:MM:SS>              -- Time
switch#clock set 15:29:50                    ! 配置当前时间
Current time is MON JAN 01 15:29:50 2001     ! 配置完即有显示，注意年份不对
switch#clock set 15:29:50 ?                  ! 使用？查询，原来命令没有结束
  <YYYY.MM.DD>           -- Date <year:2000-2035>
  <CR>
switch#clock set 15:29:50 2006.01.16         ! 配置当前年月日
Current time is MON JAN 16 15:29:50 2006     ! 正确显示
```

验证配置:

```
switch#show clock                            ! 再用 show 命令验证
Current time is MON JAN 16 15:29:55 2006
switch#
```

5. 设置交换机命令行界面的提示符（设置交换机的姓名）。

```
switch#
switch#config
switch(Config)#hostname DCS-3926S-1          ! 配置名字
DCS-3926S-1(Config)#exit                      ! 无需验证，即配即生效
DCS-3926S-1#
```

6. 配置显示的帮助信息的语言类型。

```
DCS-3926S-1#language ?
chinese               -- Chinese
english               -- English
DCS-3926S-1#language chinese
DCS-3926S-1#language ?                        ! 请注意再使用？时，帮助信息已经成了中文。
chinese               -- 汉语
english               -- 英语
```

五、实验结果及分析

以 Word 文档的形式，完成以下内容，并以"实验名称_学生姓名_学号"作为文件名提交。

1. 所用设备型号、软件版本。

2. 绘制实验拓扑图（标明使用的具体端口）。

3. 查看交换机的默认配置。

4. 如何在交换机上配置 enable 密码。

5. 如何清除 enable 密码。

实验三十　交换机 VLAN 划分

一、实验目的

1. 了解 VLAN 原理。
2. 熟练掌握二层交换机 VLAN 的划分方法。
3. 了解如何验证 VLAN 的划分。

二、实验设备

1. DCS 二层交换机一台。
2. PC 两台。
3. Console 线一根。
4. 直通网线二根。

三、实验拓扑

本实验拓扑图如图 1-30-1 所示。

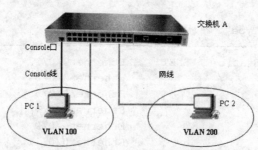

图 1-30-1　实验三十拓扑图

在交换机上划分两个基于端口的 VLAN——VLAN100 和 VLAN200：

VLAN	成员端口	VLAN	成员端口
100	1~8	200	9~16

使得 VLAN100 的成员能够互相访问，VLAN200 的成员也能够互相访问，但 VLAN100 和 VLAN200 成员之间不能互相访问。

PC1 和 PC2 的网络设置为

设　　备	IP 地　址	Mask
交换机 A	192.168.11.11	255.255.255.0
PC1	192.168.11.101	255.255.255.0
PC2	192.168.11.102	255.255.255.0

PC1、PC2 接在 VLAN100 的成员端口 1～8 上，两台 PC 互相可以 ping 通；PC1、PC2 接在 VLAN 的成员端口 9～16 上，两台 PC 互相可以 ping 通；PC1 接在 VLAN100 的成员端口 1～8 上，PC2 接在 VLAN200 的成员端口 9～16 上，则互相 ping 不通。若实验结果和理论相符，则本实验完成。

四、实验步骤

1. 交换机恢复出厂设置。
```
switch#set default
switch#write
switch#reload
```
2. 给交换机设置 IP 地址，即管理 IP（可选设置）。
```
switch#config
switch(Config)#interface vlan 1
switch(Config-If-Vlan1)#ip address 192.168.11.11 255.255.255.0
switch(Config-If-Vlan1)#no shutdown
switch(Config-If-Vlan1)#exit
switch(Config)#exit
```
3. 创建 vlan100 和 vlan200。
```
switch(Config)#
switch(Config)#vlan 100
switch(Config-Vlan100)#exit
switch(Config)#vlan 200
switch(Config-Vlan200)#exit
switch(Config)#
```
验证配置：
```
switch#show vlan
VLAN Name          Type       Media     Ports
---- ------------- ---------- --------- ------------------------------------
1    default       Static     ENET      Ethernet0/0/1      Ethernet0/0/2
                                         Ethernet0/0/3      Ethernet0/0/4
                                         Ethernet0/0/5      Ethernet0/0/6
                                         Ethernet0/0/7      Ethernet0/0/8
                                         Ethernet0/0/9      Ethernet0/0/10
                                         Ethernet0/0/11     Ethernet0/0/12
                                         Ethernet0/0/13     Ethernet0/0/14
                                         Ethernet0/0/15     Ethernet0/0/16
                                         Ethernet0/0/26     Ethernet0/0/18
                                         Ethernet0/0/19     Ethernet0/0/20
                                         Ethernet0/0/21     Ethernet0/0/22
                                         Ethernet0/0/23     Ethernet0/0/24
100  VLAN0100      Static     ENET      ! 已经创建了 vlan100, vlan100 中没有端口
200  VLAN0200      Static     ENET      ! 已经创建了 vlan200, vlan200 中没有端口
```
4. 给 vlan100 和 vlan200 添加端口。
```
switch(Config)#vlan 100                    ! 进入 vlan 100
switch(Config-Vlan100)#switchport interface ethernet 0/0/1-8
                                           ! 给 vlan100 加入端口 1-8
Set the port Ethernet0/0/1 access vlan 100 successfully
Set the port Ethernet0/0/2 access vlan 100 successfully
```

```
Set the port Ethernet0/0/3 access vlan 100 successfully
Set the port Ethernet0/0/4 access vlan 100 successfully
Set the port Ethernet0/0/5 access vlan 100 successfully
Set the port Ethernet0/0/6 access vlan 100 successfully
Set the port Ethernet0/0/7 access vlan 100 successfully
Set the port Ethernet0/0/8 access vlan 100 successfully
switch(Config-Vlan100)#exit
switch(Config)#vlan 200                              ！进入 vlan 200
switch(Config-Vlan200)#switchport interface ethernet 0/0/9-16
                                          ！给 vlan200 加入端口 9-16
Set the port Ethernet0/0/9 access vlan 200 successfully
Set the port Ethernet0/0/10 access vlan 200 successfully
Set the port Ethernet0/0/11 access vlan 200 successfully
Set the port Ethernet0/0/12 access vlan 200 successfully
Set the port Ethernet0/0/13 access vlan 200 successfully
Set the port Ethernet0/0/14 access vlan 200 successfully
Set the port Ethernet0/0/15 access vlan 200 successfully
Set the port Ethernet0/0/16 access vlan 200 successfully
switch(Config-Vlan200)#exit
```
验证配置：
```
switch#show vlan
VLAN Name          Type       Media    Ports
---- ----------   ----------  -------- --------------------------------------
1    default      Static      ENET     Ethernet0/0/26    Ethernet0/0/18
                                        Ethernet0/0/19    Ethernet0/0/20
                                        Ethernet0/0/21    Ethernet0/0/22
                                        Ethernet0/0/23    Ethernet0/0/24
100  VLAN0100     Static      ENET     Ethernet0/0/1     Ethernet0/0/2
                                        Ethernet0/0/3     Ethernet0/0/4
                                        Ethernet0/0/5     Ethernet0/0/6
                                        Ethernet0/0/7     Ethernet0/0/8
200  VLAN0200     Static      ENET     Ethernet0/0/9     Ethernet0/0/10
                                        Ethernet0/0/11    Ethernet0/0/12
                                        Ethernet0/0/13    Ethernet0/0/14
                                        Ethernet0/0/15    Ethernet0/0/16
```

5. 验证实验。

PC1 位置	PC2 位置	动作	结果
1~8 端口		PC1 Ping 192.168.11.11	不通
9~16 端口		PC1 Ping 192.168.11.11	不通
17~24 端口		PC1 Ping 192.168.11.11	通
1~8 端口	1~8 端口	PC1 Ping PC2	通
1~8 端口	9~16 端口	PC1 Ping PC2	不通
1~8 端口	17~24 端口	PC1 Ping PC2	不通

五、实验结果及分析

以 Word 文档的形式，完成以下内容，并以"实验名称_学生姓名_学号"作为文件名提交。

1. 所用设备型号、软件版本。

2. 绘制实验拓扑图（标明使用的具体端口）。

3. 收集各交换机的配置文件。

4. 在全局模式下使用 interface vlan 10 命令尝试创建一个属于 vlan 10 的逻辑端口，系统将提示怎样的信息？

5. 请在交换机中使用 show mac-address-table 命令查看本实验最后一步时的交换机 MAC 地址表，并收集输出结果。

实验三十一 二层交换机 trunk 配置

一、实验目的

1. 了解 IEEE802.1q 的实现方法，掌握跨二层交换机相同 VLAN 间通信的调试方法。
2. 了解交换机接口的 trunk 模式和 access 模式。
3. 了解 IEEE802.1q 标记数据帧和标准以太网数据帧的区别。

二、实验设备

1. DCS 二层交换机两台。
2. 网线若干条及 PC 若干台。

三、实验拓扑

本实验拓扑图如图 1-31-1 所示。

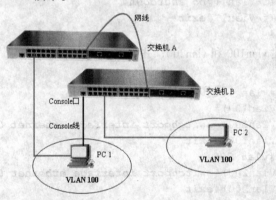

图 1-31-1　实验三十一拓扑图

在交换机 A 和交换机 B 上分别划分两个基于端口的 VLAN：VLAN100 和 VLAN200。使得 VLAN100 的成员能够互相访问，VLAN200 的成员也能够互相访问，但 VLAN100 和 VLAN200 成员之间不能互相访问。

PC1 和 PC2 的网络设置为

VLAN	端口成员
100	1~8
200	9~16
Trunk 口	24

设 备	IP 地址	Mask
交换机 A	192.168.11.11	255.255.255.0
交换机 B	192.168.11.12	255.255.255.0
PC1	192.168.11.101	255.255.255.0
PC2	192.168.11.102	255.255.255.0

PC1、PC2 分别接在不同交换机 VLAN100 的成员端口 1 ~ 8 上, 两台 PC 互相可以 ping 通;PC1、PC2 分别接在不同交换机 VLAN 的成员端口 9 ~ 16 上, 两台 PC 互相可以 ping 通; PC1 和 PC2 接在不同 VLAN 的成员端口上则互相 ping 不通。若实验结果和理论相符, 则本实验完成。

四、实验步骤

1. 交换机恢复出厂设置。

```
switch#set default
switch#write
switch#reload
```

2. 给交换机设置标识符和管理 IP(可选配置)。

交换机 A:

```
switch(Config)#hostname switchA
switchA(Config)#interface vlan 1
switchA(Config-If-Vlan1)#ip address 192.168.11.11 255.255.255.0
switchA(Config-If-Vlan1)#no shutdown
switchA(Config-If-Vlan1)#exit
switchA(Config)#
```

交换机 B:

```
switch(Config)#hostname switchB
switchB(Config)#interface vlan 1
switchB(Config-If-Vlan1)#ip address 192.168.11.12 255.255.255.0
switchB(Config-If-Vlan1)#no shutdown
switchB(Config-If-Vlan1)#exit
switchB(Config)#
```

3. 在交换机中创建 vlan100 和 vlan200, 并添加端口。

交换机 A:

```
switchA(Config)#vlan 100
switchA(Config-Vlan100)#
switchA(Config-Vlan100)#switchport interface ethernet 0/0/1-8
switchA(Config-Vlan100)#exit
switchA(Config)#vlan 200
switchA(Config-Vlan200)#switchport interface ethernet 0/0/9-16
switchA(Config-Vlan200)#exit
switchA(Config)#
```

验证配置:

```
switchA#show vlan
VLAN Name          Type       Media     Ports
---- ------------- ---------- --------- ------------------------------------
1    default       Static     ENET      Ethernet0/0/26      Ethernet0/0/18
                                         Ethernet0/0/19      Ethernet0/0/20
                                         Ethernet0/0/21      Ethernet0/0/22
                                         Ethernet0/0/23      Ethernet0/0/24
100  VLAN0100      Static     ENET      Ethernet0/0/1       Ethernet0/0/2
                                         Ethernet0/0/3       Ethernet0/0/4
                                         Ethernet0/0/5       Ethernet0/0/6
                                         Ethernet0/0/7       Ethernet0/0/8
```

```
200  VLAN0200    Static    ENET    Ethernet0/0/9       Ethernet0/0/10
                                   Ethernet0/0/11      Ethernet0/0/12
                                   Ethernet0/0/13      Ethernet0/0/14
                                   Ethernet0/0/15      Ethernet0/0/16
switchA#
```

交换机 B：配置与交换机 A 一样。

4. 设置交换机 Trunk 端口。

交换机 A：

```
switchA(Config)#interface ethernet 0/0/24
switchA(Config-Ethernet0/0/24)#switchport mode trunk
Set the port Ethernet0/0/24 mode TRUNK successfully
switchA(Config-Ethernet0/0/24)#switchport trunk allowed vlan all
set the port Ethernet0/0/24 allowed vlan successfully
switchA(Config-Ethernet0/0/24)#exit
switchA(Config)#
```

验证配置：

```
switchA#show vlan
VLAN Name         Type       Media     Ports
---- ------------ ---------- --------- ------------------------------------
1    default      Static     ENET      Ethernet0/0/26      Ethernet0/0/18
                                       Ethernet0/0/19      Ethernet0/0/20
                                       Ethernet0/0/21      Ethernet0/0/22
                                       Ethernet0/0/23
Ethernet0/0/24(T)
100  VLAN0100     Static     ENET      Ethernet0/0/1       Ethernet0/0/2
                                       Ethernet0/0/3       Ethernet0/0/4
                                       Ethernet0/0/5       Ethernet0/0/6
                                       Ethernet0/0/7       Ethernet0/0/8
                                       Ethernet0/0/24(T)
200  VLAN0200     Static     ENET      Ethernet0/0/9       Ethernet0/0/10
                                       Ethernet0/0/11      Ethernet0/0/12
                                       Ethernet0/0/13      Ethernet0/0/14
                                       Ethernet0/0/15      Ethernet0/0/16
                                       Ethernet0/0/24(T)
switchA#
```

24 口已经出现在 vlan1、vlan100 和 vlan200 中，并且不是一个普通端口，是 tagged 端口。

交换机 B：配置同交换机 A。

5. 验证实验。

交换机 A 开始 ping 交换机 B：

```
switchA#ping 192.168.11.12
Type ^c to abort.
Sending 5 56-byte ICMP Echos to 192.168.11.12, timeout is 2 seconds.
!!!!!
Success rate is 100 percent (5/5), round-trip min/avg/max = 0/2/1 ms
switchA#
```

表明交换机之间的 trunk 链路已经成功建立。

按下表验证，PC1 插在交换机 A 上，PC2 插在交换机 B 上。

PC1 位 置	PC2 位 置	动 作	结 果
1~8 端口		PC1 ping 交换机 B	不通
9~16 端口		PC1 ping 交换机 B	不通
17~24 端口		PC1 ping 交换机 B	通
1~8 端口	1~8 端口	PC1 ping PC2	通
1~8 端口	9~16 端口	PC1 ping PC2	不通

五、实验结果及分析

以 Word 文档的形式，完成以下内容，并以"实验名称_学生姓名_学号"作为文件名提交。

1. 所用设备型号、软件版本。

2. 绘制实验拓扑图（标明使用的具体端口）。

3. 收集各交换机的配置文件。

4. IEEE802.1q 的数据会在哪条链路中出现？为什么？

5. 设计一个可以捕获 IEEE802.1q 数据的实验环境。

实验三十二 \ 三层交换机逻辑接口及路由配置

一、实验目的

1. 扩展对交换机 VLAN 划分的认识，进一步理解交换机之间 VLAN 信息的传递。
2. 熟悉企业网络的真实应用环境，增加解决综合问题的能力。

二、实验设备

1. DCRS 三层交换机一台。
2. DCS 二层交换机两台。
3. 网线若干条及 PC 若干台。

三、实验拓扑

本实验拓扑图如图 1-32-1 所示。

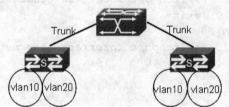

图 1-32-1　实验三十二拓扑图

在接入交换机 A 和 B 上分别划分两个基于端口的 VLAN——VLAN10 和 VLAN20：

VLAN	端口成员
10	1 ~ 8
20	9 ~ 16
Trunk 口	24

在汇聚交换机 C 上也划分两个基于端口的 VLAN：VLAN10 和 VLAN20。把端口 1 和端口 2 都设置成 Trunk 口：

VLAN	IP	Mask
10	192.168.10.1	255.255.255.0
20	192.168.20.1	255.255.255.0
Trunk 口		0/0/1 和 0/0/2

交换机 A 的 24 口连接交换机 C 的 1 口，交换机 B 的 24 口连接交换机 C 的 2 口。

PC1~PC4 的网络设置为

设 备	IP 地 址	Gateway	Mask
PC1	192.168.10.11	192.168.10.1	255.255.255.0
PC2	192.168.20.22	192.168.20.1	255.255.255.0
PC3	192.168.10.33	192.168.10.1	255.255.255.0
PC4	192.168.20.44	192.168.20.1	255.255.255.0

验证：

（1）不给 PC 设置网关。PC1、PC3 分别接在不同交换机 VLAN10 的成员端口 1~8 上，两台 PC 互相可以 ping 通；PC2、PC4 分别接在不同交换机 VLAN20 的成员端口 9~16 上，两台 PC 互相可以 ping 通；PC1、PC3 和 PC2、PC4 接在不同 VLAN 的成员端口上则互相 ping 不通。

（2）给 PC 设置网关。PC1、PC3 和 PC2、PC4 接在不同 VLAN 的成员端口上也可以互相 ping 通。

若实验结果和理论相符，则本实验完成。

四、实验步骤

1. 在交换机中创建 VLAN10 和 VLAN20，并添加端口。

交换机 A：

```
switchA(Config)#vlan 10
switchA(Config-Vlan10)#
switchA(Config-Vlan10)#switchport interface ethernet 0/0/1-8
switchA(Config-Vlan10)#exit
switchA(Config)#vlan 20
switchA(Config-Vlan20)#switchport interface ethernet 0/0/9-16
switchA(Config-Vlan20)#exit
switchA(Config)#
```

验证配置：

```
switchA#show vlan
VLAN Name          Type      Media    Ports
-------------------------- ---------- ---------- --------------------------------------
1    default       Static    ENET     Ethernet0/0/26    Ethernet0/0/18
                                       Ethernet0/0/19    Ethernet0/0/20
                                       Ethernet0/0/21    Ethernet0/0/22
                                       Ethernet0/0/23    Ethernet0/0/24
10   VLAN010       Static    ENET     Ethernet0/0/1     Ethernet0/0/2
                                       Ethernet0/0/3     Ethernet0/0/4
                                       Ethernet0/0/5     Ethernet0/0/6
                                       Ethernet0/0/7     Ethernet0/0/8
20   VLAN020       Static    ENET     Ethernet0/0/9     Ethernet0/0/10
                                       Ethernet0/0/11    Ethernet0/0/12
                                       Ethernet0/0/13    Ethernet0/0/14
                                       Ethernet0/0/15    Ethernet0/0/16

switchA#
```

交换机 B：配置与交换机 A 一样。
交换机 C：
```
switchC(Config)#vlan 10
switchC(Config-Vlan10)#exit
switchC(Config)#vlan 20
switchC(Config-Vlan20)#exit
```
2. 设置交换机 trunk 端口。

交换机 A：
```
switchA(Config)#interface ethernet 0/0/24
switchA(Config-Ethernet0/0/24)#switchport mode trunk
Set the port Ethernet0/0/24 mode TRUNK successfully
switchA(Config-Ethernet0/0/24)#switchport trunk allowed vlan all
set the port Ethernet0/0/24 allowed vlan successfully
switchA(Config-Ethernet0/0/24)#exit
switchA(Config)#
```
验证配置：
```
switchA#show vlan
VLAN Name          Type       Media    Ports
---- ------------- ---------- -------- ------------------------------------
1    default       Static     ENET     Ethernet0/0/26      Ethernet0/0/18
                                        Ethernet0/0/19      Ethernet0/0/20
                                        Ethernet0/0/21      Ethernet0/0/22
                                        Ethernet0/0/23
Ethernet0/0/24(T)
10   VLAN010       Static     ENET     Ethernet0/0/1       Ethernet0/0/2
                                        Ethernet0/0/3       Ethernet0/0/4
                                        Ethernet0/0/5       Ethernet0/0/6
                                        Ethernet0/0/7       Ethernet0/0/8
                                        Ethernet0/0/24(T)
20   VLAN020       Static     ENET     Ethernet0/0/9       Ethernet0/0/10
                                        Ethernet0/0/11      Ethernet0/0/12
                                        Ethernet0/0/13      Ethernet0/0/14
                                        Ethernet0/0/15      Ethernet0/0/16
                                        Ethernet0/0/24(T)
switchA#
```
24 口已经出现在 VLAN1、VLAN10 和 VLAN20 中，并且不是一个普通端口，是 tagged 端口。
交换机 B：配置同交换机 A 一样。
交换机 C：
```
switchC(Config)#interface ethernet 0/0/1-2
switchC(Config-Port-Range)#switchport mode trunk
Set the port Ethernet0/0/1 mode TRUNK successfully
Set the port Ethernet0/0/2 mode TRUNK successfully
switchC(Config-Port-Range)#switchport trunk allowed vlan all
set the port Ethernet0/0/1 allowed vlan successfully
set the port Ethernet0/0/2 allowed vlan successfully
switchC(Config-Port-Range)#exit
switchC(Config)#exit
```

验证配置：

```
switchC#show vlan
VLAN Name        Type       Media     Ports
---------------- ---------- --------- -------------------------------------
1    default   Static    ENET      Ethernet0/0/1(T)       Ethernet0/0/2(T)
                                    Ethernet0/0/3          Ethernet0/0/4
                                    Ethernet0/0/5          Ethernet0/0/6
                                    Ethernet0/0/7          Ethernet0/0/8
                                    Ethernet0/0/9          Ethernet0/0/10
                                    Ethernet0/0/11         Ethernet0/0/12
                                    Ethernet0/0/13         Ethernet0/0/14
                                    Ethernet0/0/15         Ethernet0/0/16
                                    Ethernet0/0/26         Ethernet0/0/18
                                    Ethernet0/0/19         Ethernet0/0/20
                                    Ethernet0/0/21         Ethernet0/0/22
                                    Ethernet0/0/23         Ethernet0/0/24
                                    Ethernet0/0/25         Ethernet0/0/26
                                    Ethernet0/0/27         Ethernet0/0/28
10   VLAN010   Static    ENET      Ethernet0/0/1(T)       Ethernet0/0/2(T)
20   VLAN020   Static    ENET      Ethernet0/0/1(T)       Ethernet0/0/2(T)
switchC#
```

3. 交换机 C 添加 VLAN 接口地址。

```
switchC(Config)#interface vlan 10
switchC(Config-If-Vlan10)#ip address 192.168.10.1 255.255.255.0
switchC(Config-If-Vlan10)#no shut
switchC(Config-If-Vlan10)#exit
switchC(Config)#interface vlan 20
switchC(Config-If-Vlan20)#ip address 192.168.20.1 255.255.255.0
switchC(Config-If-Vlan20)#no shutdown
switchC(Config-If-Vlan20)#exit
switchC(Config)#
```

验证配置：

```
switchC#show ip route
Total route items is 3, the matched route items is 3
Codes: C - connected, S - static, R - RIP derived, O - OSPF derived
       A - OSPF ASE, B - BGP derived, D - DVMRP derived
Destination       Mask             Nexthop       Interface     Preference
C  192.168.1.0    255.255.255.0    0.0.0.0       Vlan1         0
C  192.168.10.0   255.255.255.0    0.0.0.0       Vlan10        0
C  192.168.20.0   255.255.255.0    0.0.0.0       Vlan20        0
switchC#
```

4. 验证实验。

（1）不为 PC 配置网关，互相 ping，查看结果。

（2）为 PC 配置网关，互相 ping，查看结果。

五、实验结果及分析

以 Word 文档的形式,完成以下内容,并以"实验名称_学生姓名_学号"作为文件名提交。

1. 所用设备型号、软件版本。
2. 绘制实验拓扑图(标明使用的具体端口)。
3. 收集各交换机的配置文件。
4. 连接到交换机的 PC 的网关,与配置到交换机 C 的 VLAN 接口 IP 地址有什么关系?

实验三十三 \ 三层交换机 OSPF 动态路由配置

一、实验目的

1. 掌握三层交换机上 OSPF 的配置方法。
2. 掌握 OSPF 中默认路由的传递方法。

二、实验设备

1. DCRS 三层交换机两台。
2. DCR 路由器一台。
3. 网线若干条及 PC 若干台。

三、实验拓扑

本实验拓扑图如图 1-33-1 所示。

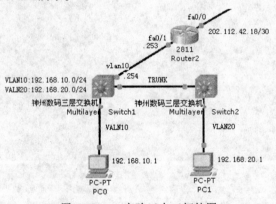

图 1-33-1　实验三十三拓扑图

在交换机 1 和 2 上分别划分两个基于端口的 VLAN：VLAN10 和 VLAN20。

在汇聚交换机 C 上也划分两个基于端口的 VLAN：VLAN10 和 VLAN20。把两个交换机的端口 24 都设置成 Trunk 口。在交换机 1 上启动三层，交换机 2 上仅启动二层。交换机 1 上相关配置如下：

VLAN	端口成员	VLAN	IP	Mask
10	1 ~ 8	10	192.168.10.254	255.255.255.0
20	9 ~ 16	20	192.168.20.254	255.255.255.0
Trunk 口	24	Trunk 口		0/0/24

PC0 连接到交换机 1 的 0/0/2 口,路由器的 fa0/1 连接到交换机 1 的 0/0/1 口。PC1 连接到交换机 2 的 0/0/1 口。路由器的 fa0/1 IP 地址为 192.168.10.253/24,fa0/0 IP 地址为 202.112.42.18/30,并配置一条到 202.112.42.17 的默认路由,要求配置 OSPF 选路协议,并且默认路由传递到整个 OSPF 域。

PC1-PC4 的网络设置为

设备	IP 地址	Gateway	Mask
PC0	192.168.10.1	192.168.10.254	255.255.255.0
PC1	192.168.20.2	192.168.20.254	255.255.255.0

四、实验步骤

1. 在交换机中创建 vlan10 和 vlan20,并添加端口。

交换机 1:

```
Switch1(Config)#vlan 10
Switch1(Config-Vlan10)#
Switch1(Config-Vlan10)#switchport interface ethernet 0/0/1-8
Switch1(Config-Vlan10)#exit
Switch1(Config)#vlan 20
Switch1(Config-Vlan20)#switchport interface ethernet 0/0/9-16
Switch1(Config-Vlan20)#exit
Switch1(Config)#
```

验证配置:

```
Switch1#show vlan
VLAN Name          Type      Media    Ports
------------------------- --------- ---------------------------------------
1    default       Static    ENET     Ethernet0/0/26      Ethernet0/0/18
                                       Ethernet0/0/19      Ethernet0/0/20
                                       Ethernet0/0/21      Ethernet0/0/22
                                       Ethernet0/0/23      Ethernet0/0/24

10   VLAN010       Static    ENET     Ethernet0/0/1       Ethernet0/0/2
                                       Ethernet0/0/3       Ethernet0/0/4
                                       Ethernet0/0/5       Ethernet0/0/6
                                       Ethernet0/0/7       Ethernet0/0/8

20   VLAN020       Static    ENET     Ethernet0/0/9       Ethernet0/0/10
                                       Ethernet0/0/11      Ethernet0/0/12
                                       Ethernet0/0/13      Ethernet0/0/14
                                       Ethernet0/0/15      Ethernet0/0/16
```

交换机 2:配置与交换机 1 一样。

2. 设置交换机 trunk 端口。

交换机 1:

```
Switch1(Config)#interface ethernet 0/0/24
Switch1(Config-Ethernet0/0/24)#switchport mode trunk
Set the port Ethernet0/0/24 mode TRUNK successfully
Switch1(Config-Ethernet0/0/24)#switchport trunk allowed vlan all
set the port Ethernet0/0/24 allowed vlan successfully
switch1(Config-Ethernet0/0/24)#exit
```

验证配置：

```
Switch1#show vlan
VLAN Name        Type       Media     Ports
---- ----------- ---------- --------- -----------------------------------
1    default     Static     ENET      Ethernet0/0/26      Ethernet0/0/18
                                       Ethernet0/0/19      Ethernet0/0/20
                                       Ethernet0/0/21      Ethernet0/0/22
                                       Ethernet0/0/23
Ethernet0/0/24(T)
10   VLAN010     Static     ENET      Ethernet0/0/1       Ethernet0/0/2
                                       Ethernet0/0/3       Ethernet0/0/4
                                       Ethernet0/0/5       Ethernet0/0/6
                                       Ethernet0/0/7       Ethernet0/0/8
                                       Ethernet0/0/24(T)
20   VLAN020     Static     ENET      Ethernet0/0/9       Ethernet0/0/10
                                       Ethernet0/0/11      Ethernet0/0/12
                                       Ethernet0/0/13      Ethernet0/0/14
                                       Ethernet0/0/15      Ethernet0/0/16
                                       Ethernet0/0/24(T)
switchA#
```

24 口已经出现在 VLAN1、VLAN10 和 VLAN20 中，并且不是一个普通端口，是 tagged 端口。

交换机 2：配置同交换机 1。

3. 交换机 1 上 IP 地址配置。

```
Switch1(Config)#interface vlan 10
Switch1(Config-If-Vlan10)#ip address 192.168.10.254 255.255.255.0
Switch1(Config-If-Vlan10)#no shut
Switch1(Config-If-Vlan10)#exit
Switch1(Config)#interface vlan 20
Switch1(Config-If-Vlan20)#ip address 192.168.20.254 255.255.255.0
Switch1(Config-If-Vlan20)#no shutdown
Switch1(Config-If-Vlan20)#exit
Switch1(Config)#
```

验证配置：

```
Switch1#show ip route
Total route items is 3, the matched route items is 3
Codes: C - connected, S - static, R - RIP derived, O - OSPF derived
       A - OSPF ASE, B - BGP derived, D - DVMRP derived
Destination      Mask            Nexthop        Interface       Preference
C  192.168.10.0  255.255.255.0   0.0.0.0        Vlan10          0
C  192.168.20.0  255.255.255.0   0.0.0.0        Vlan20          0
Switch1#
```

4. 路由器 R1 的 IP 配置。

```
R1_config#int fa 0/0
R1_config_f0/0#ip add 202.112.42.18 255.255.255.252
R1_config_f0/0#int fa 0/1
R1_config_f0/1#ip add 192.168.10.253 255.255.255.0
R1_config_f0/1#no shut
R1_config_f0/1#
```

5. 交换机 1 及路由器路由配置。

交换机 1：

```
SW1(Config)#router ospf
OSPF protocol is working, please waiting.......
SW1(Config-Router-Ospf)#network 192.168.10.0 255.255.255.0 area 0
SW1(Config-Router-Ospf)#network 192.168.20.0 255.255.255.0 area 0
SW1(Config)#int vlan 10
SW1(Config-If-Vlan10)#ip ospf enable area 0
SW1(Config-If-Vlan10)#int vlan 20
SW1(Config-If-Vlan20)#ip ospf enable area 0
SW1(Config-If-Vlan20)#
```

路由器：

```
R1_config#ip route 0.0.0.0 0.0.0.0 202.112.42.17
R1_config#router ospf 100
R1_config_ospf_100#network 192.168.10.0 255.255.255.0 area 0
R1_config_ospf_100#default-information originate always
R1_config_ospf_100#
```

6. 查看路由表。

交换机 1：

```
SW1#sh ip route
Total route items is 2, the matched route items is 2
Codes: C - connected, S - static, R - RIP derived, O - OSPF derived
       A - OSPF ASE, B - BGP derived, D - DVMRP derived
Destination      Mask            Nexthop          Interface       Preference

A  0.0.0.0       0.0.0.0         192.168.10.253   Vlan10          150
C  192.168.10.0  255.255.255.0   0.0.0.0          Vlan10          0
C  192.168.20.0  255.255.255.0   0.0.0.0          Vlan20          0
SW1#
```

查看路由器上路由表的方法类似。

可以看到默认路由从路由器上传到了交换机。OSPF 传递默认路由的方式比较特殊，其他的动态路由协议是通过再分发默认路由到域中的，但 OSPF 不能通过再分发命令，必须通过 default-information originate 命令。关键字 always 使得即使默认路由消失了，也分发到 OSPF 域中；不加 always 时，如果默认路由的下一跳不可达，默认路由将不再向 OSPF 域传递。

7. 验证网络连通性。

从 PC0 ping PC1 的 IP 地址，发现网络正常，可以 ping 通。

五、实验结果及分析

以 Word 文档的形式，完成以下内容，并以 "实验名称_学生姓名_学号" 作为文件名提交。

1. 所用设备型号、软件版本。

2. 绘制实验拓扑图（标明使用的具体端口）。

3. 收集各交换机的配置文件。

4. 连接到交换机的 PC 的网关，与配置到交换机 C 的 VLAN 接口 IP 地址有什么关系？

实验三十四 防火墙配置基础实验

一、实验目的

1. 理解网络 Trust（Inside）区、Untrust（Outside）及 DMZ 区的概念。
2. 掌握防火墙管理 IP 地址的配置。
3. 学会防火墙在路由模式下的基本配置。

二、实验设备

1. 神州数码 DCS 三层交换机一台。
2. 神州数码防火墙一台。
3. DCR 路由器一台。
4. PC 两台。
5. 网线和 Console 线若干。

三、实验内容与要求

1. 掌握防火墙的初始配置。
2. 配置网络对象。
3. 配置安全规则。
4. 配置静态及默认路由。
5. 在防火墙上配置 NAT。
6. 验证安全策略和地址转换结果。

四、实验拓扑

本实验拓扑图如图 1-34-1 所示。

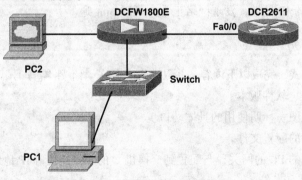

图 1-34-1 防火墙实验拓扑图

防火墙：

LAN 口：10.10.10.254/24;

DMZ 口:200.1.1.254/24;

WAN 口：200.200.200.1/24

PC1:10.10.10.1/24;

PC2:200.1.1.1/24;

ROUTER–2611 fa0/0:200.200.200.2/24

五、实验步骤

1. 进入防火墙的命令行界面。类似于路由器和交换机的初始配置，将 PC 的串口与防火墙的 CONSOLE 口连接，通过超级终端，进入防火墙。

默认的管理员用户名和密码是

```
Login:admin
Password:admin
```

这时就进入了防火墙的特权模式#状态，可以对防火墙进行初始配置了。

2. 配置防火墙 LAN 接口 IP 地址。使用命令 ifconfig 对设备的 LAN 接口 IP 地址进行配置，过程如下：

```
#ifconfig if1 10.10.10.254/24
#apply                //将此配置应用在接口上
#save                 //将此配置保存到防火墙的配置文件中
```

此时"if1"表示 LAN 接口，"if0"表示 WAN 接口，"if2"表示 DMZ 接口，此对应关系可以从设备的面板上看到。

3. 配置 PC 的 IP 地址。配置拓扑中内网 PC 的 IP 地址为 10.10.10.1/24。

4. 设置管理主机。为防火墙设置管理员地址，管理员地址是可以安全登录防火墙的 Web 页面进行图形化配置的主机地址。这里设为 10.10.10.1/24。

```
#adminhost  add  10.10.10.1       //为防火墙配置一台管理员地址
#apply                            //将此配置应用在接口上
#save                             //将此配置保存到防火墙的配置文件中
```

5. 使用管理主机建立与防火墙的安全连接。打开 PC 的浏览器，在 URL 栏输入：https://10.10.10.254:1211,进入 Web 配置界面,单击图 1-34-2 所示的"是"按钮,系统会出现图 1-34-3 所示的登录界面。

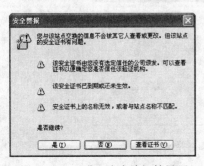

图 1-34-2　进入防火墙初始界面

图 1-34-3　防火墙用户名/密码界面

此时键入用户名 admin，密码 admin 就进入了防火墙图形化管理界面，如图 1-34-4 所示。

图 1-34-4　防火墙图形化管理界面

6. 按照实验要求配置 LAN、WAN 和 DMZ 接口的 IP 地址。在图形化配置界面中（如图 1-34-5 所示），选择"网络"→"接口"项，对现有接口 IP 地址进行修改，得到要配置的 IP 地址，如图 1-34-5 所示。

图 1-34-5　配置防火墙接口 IP 地址

单击"应用"按钮和"保存"按钮将设置应用在防火墙系统中，并保存配置。

7. 配置网络对象。按照网络拓扑，我们定义三个网络对象，分别与 LAN、DMZ 和 WAN 主机相对应。本例中三个网络对象的名称分别为 trust_PC、dmz_PC 和 untrust_PC。在图形化配置界面中，选择"对象"→"网络"→"网络对象"项，单击"新增"按钮，我们就可以根据需要配置网络对象。图 1-34-6 给出了网络对象 trust_PC 配置的示例，其他类似。

图 1-34-6　在防火墙中增加网络对象

应用并保存配置。

8. 设置安全规则。本例中我们使用以下规则：

trust 区的主机可以访问 untrust 区和 DMZ 区的主机的 FTP、HTTP 和 ping 服务；DMZ 区的主机可以访问 untrust 区的主机的 FTP、HTTP 和 ping 服务；untrust 区的主机可以访问 DMZ 区主机的 FTP 和 HTTP 服务；其他访问均不允许。

我们仅以 trust_PC 到 untrust_PC 的策略配置为例，其他的由同学们自己完成。在图形化配置界面中，选择"策略"→"策略设置"项，在右边的策略列表中，单击"新增"按钮。如图 1-34-7 所示，就出现了策略配置列表，然后就可以根据要求进行配置。

图 1-34-7 防火墙策略的配置

应用并保存配置。

9. 配置静态及默认路由。通常情况下，需要在防火墙上配置到内网和 DMZ 区非直连网络的静态路由，到外部网络的默认路由。本例中内网和 DMZ 区网络都和防火墙直连，所以只需配置到外部网络的默认路由。选择"网络→路由→网关"项，在默认路由中填上 200.200.200.2，如图 1-34-8 所示，然后单击"确定"按钮。

图 1-34-8 防火墙静态路由和默认路由的配置

10. 配置 NAT 地址转换。我们将内网主机 IP 地址动态转换为外网接口 IP 地址。在本例中我们把内网 10.10.10.0/24 转换成 WAN 接口 IP 地址。选择"NAT→动态 NAT"项，在动态 NAT 表右上角单击"新增"按钮，就出现了地址转换配置框（如图 1-34-9 所示）。设置完成后，应用并保存配置。

11. 验证安全策略和地址转换。

（1）验证 PC1 与 PC2 的连通性。

（2）验证 PC1 与 ROUTER-2611 的连通性。

（3）验证 PC2 与 PC1 的连通性。

（4）验证 PC2 与 ROUTER-2611 的连通性。

（5）验证 ROUTER-2611 与 PC1 的连通性。

（6）验证 ROUTER-2611 与 PC2 的连通性。

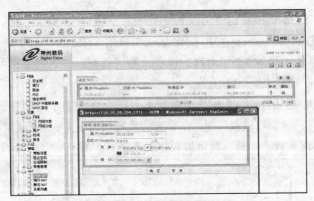

图 1-34-9　防火墙中 NAT 配置

六、实验结果及分析

1. 在实验结果验证过程中，查看防火墙的日志信息，并加以分析。
2. 将实验步骤中的配置图和验证结果补全。
3. 总结防火墙的配置过程。

综 合 实 验

一、物理连接

实验分 5 个组进行，每组选用一台路由器、两台三层交换机、一台无线路由器和六台 PC，按图 1-35-1 所示的拓扑进行连接。

核心交换机由老师和同学共同配置，保证 5 个组的路由器之间的连通性。每组同学负责本组的所有设备的连接和配置，完成所有实验。

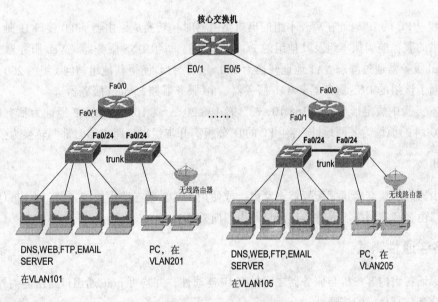

图 1-35-1　综合实验拓扑图

二、IP 编址

1）两台交换机和 PC 机的编址

两台交换机之间通过端口 24 进行连接，配置成 TRUNK 链路。

配置两个虚拟局域网 VLAN10x 和 VLAN20x，其中 x 为组号。例如：组号为 2 时，需要配置 VLAN102 和 VLAN202。VLAN10x 使用 IP 网络 192.168.10x.0/24，为服务器网段，DNS、WEB、FTP 和 EMAIL 服务器分别使用相应网段的前 1~4 个 IP 地址，VLAN20x 使用 IP 网络 192.168.20x.0/24，为客户端网段。

其中一台交换机中启用 VLAN10x 和 VLAN20x 三层接口，其 IP 分别设为相应 IP 网络的地址 254。

2）无线路由器的编址

无线路由器的 WAN 口 IP 地址设为相应 IP 网段的地址 5，比如第一组设为 192.168.201.5。

无线路由器配置为桥模式或路由模式各组自己决定。若配置为路由模式，各组无线用户使用 IP 地址 10.10.1x.0/24，其中 x 为组号，例如第 2 组使用 10.10.12.0/24。网关各组自己决定。

客户 PC 的 IP 地址自己决定，但地址不要冲突。

3）路由器的编址

每组路由器的端口 fa0/1 与一台交换机的端口相连，另一端口 fa0/0 与一台核心交换机相连。

路由器 fa0/0 端口的 IP 地址使用 200.x.x.0/24 网段，分别使用该网段的地址 200.x.x.1/24。具体情况下，200.1.1.0/24 可分配给一组使用，200.2.2.0/24 给二组使用，200.3.3.0/24 给三组使用，200.4.4.0/24 给四组使用，200.5.5.0/24 给五组使用；每组使用相应网段第一个 IP 地址作为路由器接口 fa0/0 地址，到其他网段的下一跳 IP 地址为 200.x.x.254。

路由器 fa0/1 对应的交换机端口划分到 VLAN10x，fa0/1 IP 配置为 192.168.10x.253/24。

三、IP 地址转换

所有客户 PC 的 IP 地址在离开本组的出口路由器时，转换成路由器 fa0/0 接口 IP 地址。各组服务器提供的服务应确保本组及其他组的 PC 能够访问。每组 DNS 服务器、Web 服务器、ftp 服务器和 E-mail 服务器通过静态 NAT 地址转换为 200.x.x.11～14。使得其他组访问 x 组的 200.x.x.11~14 时分别访问了该组的 DNS 服务器、Web 服务器、ftp 服务器和 E-mail 服务器。

注：本实验中假定形如 192.168.10x.x、192.168.20x.x 或 10.x.x.x 的 IP 地址为私有地址，形如 200.x.x.0/24 的地址为公网地址，各组 PC 的 IP 分组离开本组出口路由器时都要转换为公网地址。

四、路由

在路由器和三层交换机间配置静态路由，或使用 OSPF 动态路由协议。在每组出口路由器上配置默认路由，私有网络不允许本组出口路由器向外通告。

五、网络连通性测试

首先保证各组内客户机与服务器之间具有 IP 连通性，并均可 ping 通出口路由器内外口 IP 地址。然后检查与其他组的连通性。

六、在 Windows Server 2003 中配置 DNS 服务器

DNS 服务器运行在 Windows Server 2003 环境中，负责本组的其他三个服务器的域名解析。为了方便各组记忆，具体的域名规划如下：

第 1 组：(DNS 服务器 ----- 192.168.101.1)

Web 服务器----web.beijing.china.com----- 192.168.101.2

FTP 服务器----ftp.beijing.china.com------ 192.168.101.3

Mail 服务器----- beijing.china.com--------- 192.168.101.4

第 2 组：(DNS 服务器 ----- 192.168.102.1)

Web 服务器----web.shanghai.china.com----192.168.102.2

          FTP 服务器----ftp.shanghai.china.com------ 192.168.102.3

          Mail 服务器---- shanghai.china.com------ 192.168.102.4

第 3 组：(DNS 服务器 ------ 192.168.103.1)

          Web 服务器----web.tianjin.china.com------ 192.168.103.2

          FTP 服务器----ftp.tianjin.china.com------- 192.168.103.3

          Mail 服务器---- tianjin.china.com--------- 192.168.103.4

第 4 组：(DNS 服务器 ------ 192.168.104.1)

          Web 服务器----web.chongqing.china.com---192.168.104.2

          FTP 服务器----ftp.chongqing.china.com----- 192.168.104.3

          Mail 服务器----chongqing.china.com------ 192.168.104.4

第 5 组：(DNS 服务器 ------ 192.168.105.1)

          Web 服务器----web.hainan.china.com------ 192.168.105.2

          FTP 服务器----ftp.hainan.china.com------- 192.168.105.3

          Mail 服务器----hainan.china.com--------- 192.168.105.4

在第 1 组增加一台 DNS 服务器（192.168.101.5），负责全部服务器的域名解析任务，承担各组 DNS 服务器的转发解析工作。

七、配置 Web 服务器、FTP 服务器

1. Web 服务器的网站可以是静态也可以是动态的，只要能被访问即可。

2. FTP 服务器的配置，可以是启动操作系统自带的服务，也可以安装第三方软件，只要能实现 FTP 服务功能即可，比如能下载文件、上传文件等。

八、配置 Mail 服务器

在 Windows Server 2003 环境下配置 Mail 服务器，建议安装第三方软件 Winmail。

1. 每组创建一个主域，第 1 组主域名为 beijing.china.com，第 2 组为 shanghai.china.com，等等。

2. 每组在主域名下创建两个账户 shuilifang 和 niaochao，那么每组有两个邮箱，比如第 1 组的两个邮箱是 shuilifang@beijing.china.com 和 niaochao@beijing.china.com，第 2 组是 shuilifang@shanghai. china.com 和 niaochao@shanghai.china.com。

3. 将 Mail 服务器配置为本组 DNS 服务器的 DNS 客户端（"本地连接"的首选 DNS 服务器设为本组 DNS 服务器的 IP 地址）。

九、配置客户端

在 Windows XP 环境下运行客户端。

1. 配置为本组 DNS 服务器的 DNS 客户端。

2. 确认有浏览器可以登录网站。

3. 安装 FTP 客户端，或者用 DOS 系统下的 FTP 客户端，确认可以访问 FTP 服务器。

4. 安装 Mail 客户端，建议安装 Foxmail，设置两个本组的两个邮箱。

十、调试和综合测试

1. 保证 26 台机器两两能 ping 通，否则就是物理连线或路由器、交换机的设置有问题。

2. 配置好 DNS 服务器后，配置客户端为本组 DNS 服务器的 DNS 客户端，再 ping 各组服务器的域名，若不通，则 DNS 服务器配置出错。

3. 配置好 Web 服务器后，从客户端测试（要求用域名访问），否则调整服务器配置。

4. 配置好 FTP 服务器后，从客户端测试（要求用域名访问），否则调整服务器配置。

5. 配置好 Mail 服务器后，从客户端测试（要求用域名访问），否则调整服务器、客户端配置。

十一、综合实验考核

1. 每组的客户端可以用域名访问各组的 Web 服务器和 FTP 服务器。

2. 每组的客户端可以用本组的邮箱往各组邮箱发邮件，也能收到各组邮箱发来的邮件。

十二、实验报告

1. 详细描述本组的实验操作过程，包括各服务器的配置过程。（写一写碰到过什么问题及怎样解决的，加分）

2. 每组客户端 ping 邻组的某服务器，两边同时抓包，保存数据，分析跨过路由器的 icmp 数据包的地址有何变化。

3. 每组客户端访问邻组的 Web 服务器，两边同时抓包，分析访问 Web 服务器的工作流程，了解 HTTP 数据的封装及格式。

4. 每组客户端访问邻组的 FTP 服务器，两边同时抓包，分析访问 FTP 服务器的工作流程，了解 FTP 数据的封装及格式。（选做）

5. 每组客户端往邻组的邮箱发一封邮件，在客户端和两台 Mail 服务器同时抓包，分析发送邮件的工作流程。在邻组的客户端收邮件，同时在邻组的客户端和 Mail 服务器端抓包，分析收取邮件的工作流程。（选做）

第二部分　习题及解答

第 1 章 ＼ 计算机网络基础

一、选择题

1. 1968 年 6 月的"资源共享的计算机网络"研究计划的成果是（　　　）。
   A. Internet　　　　B. ARPAnet　　　C. 以太网　　　　D. 令牌环网
2. 网络是分布在不同地理位置的多个独立的（　　　）的集合。
   A. 局域网系统　　B. 多协议路由器　C. 操作系统　　　D. 自治计算机
3. 通信系统必须具备的三个基本要素是（　　　）。
   A. 终端、电缆、计算机　　　　　　B. 信号发生器、通信线路、信号接收设备
   C. 信源、通信媒体、信宿　　　　　D. 终端、通信设施、接收设备
4. 计算机网络通信系统是（　　　）。
   A. 电信号传输系统　　　　　　　　B. 文字通信系统
   C. 信号通信系统　　　　　　　　　D. 数据通信系统
5. 有 n 个节点的星型拓扑结构中，有（　　　）条物理链路。
   A. n+2　　　　　　B. n　　　　　　C. n+1　　　　　　D. n−1
6. 计算机网络中可以共享的资源包括（　　　）。
   A. 硬件、软件、数据、通信信道　　B. 主机、外设、软件、通信信道
   C. 硬件、程序、数据、通信信道　　D. 主机、程序、数据、通信信道
7. 通信子网的主要组成是（　　　）。
   A. 主机和局域网　　　　　　　　　B. 网络结点和通信链路
   C. 网络体系结构和网络协议　　　　D. 通信链路和终端
8. Internet 的核心协议是（　　　）。
   A. TCP／IP　　　　B. ARPANET　　　C. FTP　　　　　　D. ISP
9. 某公司网络的地址是 202.110.128.O／17，下面的选项中，（　　　）属于这个网络。
   A. 202.110.44.0／17　　　　　　　B. 202.110.162.0／20
   C. 202.110.144.0／16　　　　　　　D. 202.110.24.0／20
10. 若子网掩码为 255.255.0.0，下列哪个 IP 地址与其他地址不在同一网络中（　　　）。
    A. 172.25.15.200　　　　　　　　　B. 172.25.16.15
    C. 172.25.25.200　　　　　　　　　D. 172.35.16.15

11. 如要将 138.10.O.0 网络分为 6 个子网，则子网掩码应设为（　　　）。

    A. 255.0.0.0　　　　　　　　　　　B. 255.255.0.0

    C. 255.255.128.0　　　　　　　　　D. 255.255.224.0

12. 在 IP 地址方案中，159.226.181.1 是一个（　　　）。

    A. A 类地址　　　　B. B 类地址　　　　C. C 类地址　　　　D. D 类地址

13. 在 Internet 域名体系中，域的下面可以划分子域，各级域名用圈点分开，按照（　　　）。

    A. 从左到右越来越小的方式分 4 层排列

    B. 从左到右越来越小的方式分多层排列

    C. 从右到左越来越小的方式分 4 层排列

    D. 从右到左越来越小的方式分多层排列

14. 计算机接入 Internet 时，可以通过公共电话网进行连接，以这种方式连接并在连接时分配到一个临时性 IP 地址的用户，通常使用的是（　　　）。

    A. 拨号连接仿真终端方式　　　　　B. 经过局域网连接的方式

    C. SLIP／PPP 协议连接方式　　　　D. 经分组网连接的方式

15. 在 10BaseT 的以太网中，使用双绞线作为传输介质，最大的网段长度是（　　　）。

    A. 2000m　　　　B. 500m　　　　C. 185m　　　　D. 100m

16. 两台计算机利用电话线路传输信号时必备的设备是（　　　）。

    A. 网卡　　　　B. 中继器　　　　C. 调制解调器　　　　D. 集线器

17. 完成通信线路的设置与拆除的通信设备是（　　　）。

    A. 线路控制器　　　　B. 调制解调器　　　　C. 通信控制器　　　　D. 多路复用器

18. 在星型局域网结构中，连接服务器与工作站的设备是（　　　）。

    A. 调制解调器　　　　B. 交换器　　　　C. 路由器　　　　D. 集线器

19. 对局域网来说网络控制的核心是（　　　）。

    A. 工作站　　　　B. 网卡　　　　C. 网络服务器　　　　D. 网络互联设备

20. 下列有关物理传输介质描述错误的是（　　　）。

    A. 物理传输介质一般分为有线传输介质和无线传输介质

    B. 有线传输介质一般包括：双绞线、同轴电缆，光纤等

    C. 无线传输介质一般包括：微波、红外线，激光等

    D. 现在家用电器中使用频繁的家电遥控器几乎都是采用微波技术

21. 在同一个信道上的同一时刻，能够进行双向数据传送的通信方式是（　　　）。

    A. 单工　　　　B. 半双工　　　　C. 全双工　　　　D. 上述三种均不是

22. 下列对网络拓扑结构描述正确的有（　　　）。

    A. 在星型结构的网络中，只能采用集中式访问控制策略

    B. 典型的环形网络有 Token—Ring 和 FDDI 等

    C. 总线型网络一般采用 CSMA／CA 介质访问控制协议

    D. 环形网络常用的访问控制方法是基于令牌的访问控制，是一种目前广泛使用的技术。

23. 10BASE—T 中，T 通常是指（　　　）。

    A. 细缆　　　　B. 粗缆　　　　C. 双绞线　　　　D. 以太网

24. 网络中各个结点相互连接的形式叫做网络的（　　　）。

　　A. 拓扑结构　　　　B. 协议　　　　　C. 分层结构　　　　D. 分组结构

25. 衡量网络上数据传输速率的单位是 bps，其含义是（　　　）。

　　A. 信号每秒传输多少千米　　　　　B. 信号每秒传输多少千米

　　C. 每秒传送多少个比特　　　　　　D. 每秒传送多少个数据

26. 因特网是由分布在世界各地的计算机网络借助于（　　　）设备相互连接而形成的。

　　A. Hub　　　　　B. 交换机　　　　　C. 网桥　　　　　　D. 路由器

27. 在以太网中，当一台主机发送数据时，总线上所有计算机都能检测到这个数据信号，只有数据帧中的目的地址与主机地址一致时，主机才接收这个数据帧。这里所提到的地址是（　　　）。

　　A. MAC 地址　　　B. IP 地址　　　　C. 端 El　　　　　　D. 地理位置

28. 快速以太网物理层规范 100BASE—Tx 规定使用（　　　）。

　　A. 1 对 5 类 UTP，支持 10MB／100MB 自动协商

　　B. 1 对 5 类 UTP，不支持 10MB／100MB 自动协商

　　C. 2 对 5 类 UTP，支持 10MB／100MB 自动协商

　　D. 2 对 5 类 UTP，不支持 10MB／100MB 自动协商

29. 下面属于私网地址的是（　　　）。

　　A. 100.0.0.0　　　B. 172.15.0.0　　　C. 192.168.0.O　　　D. 244.0.0.0

30. 下面能分配给主机的 IP 地址是（　　　）。

　　A. 131.107.256.80　　　　　　　B. 126.1.0.0

　　C. 198.121.254.255　　　　　　　D. 202.117.34.32

31. 使用 ADSL 拨号上网，需要在用户端安装协议（　　　）。

　　A. PPP　　　　　B. SLIP　　　　　　C. PPTP　　　　　　D. PPPoE

32. 在综合布线系统中，终端设备到信息插座的连线部分通常被称为（　　　）。

　　A. 设备间子系统　　　　　　　　B. 工作区子系统

　　C. 水平子系统　　　　　　　　　D. 垂直干线子系统

33. IP 地址中，最高位为 "0" 的是（　　　）类地址。

　　A. A　　　　　　B. B　　　　　　　C. C　　　　　　　　D. D

34. MAC 地址长度为（　　　）位。

　　A. 24　　　　　　B. 32　　　　　　　C. 48　　　　　　　　D. 128

35. 下列关于全双工以太网技术的叙述，不正确的是（　　　）。

　　A. 全双工以太网技术可以提高网络带宽

　　B. 全双工以太网技术能够有效控制广播风暴

　　C. 全双工以太网技术可以延伸局域网的覆盖范围

　　D. 以上均不正确

36. 假设某主机的 IP 地址为 210.114.105.164，子网掩码为 255.255.255.224，请问该主机所在网络的广播地址是（　　　）。

　　A. 210.114.105.0　　　　　　　B. 210.114.105.255

　　C. 210.114.105.175　　　　　　　D. 210.114.105.191

37. 关于多模光纤，下面的描述中描述错误的是 (   )。

    A. 多模光纤的芯线由透明的玻璃或塑料制成

    B. 多模光纤包层的折射率比芯线的折射率低

    C. 光波在芯线中以多种反射路径传播

    D. 多模光纤的数据速率比单模光纤的数据速率高

38. ADSL 是一种宽带接入技术，这种技术使用的传输介质是 (   )。

    A. 电话线　　　　B. CATV 电缆　　C. 基带同轴电缆　D. 无线通信网

39. DNS 的功能是 (   )。

    A. 根据 IP 地址找到 MAC 地址　　　　B. 根据 MAC 地址找到 IP 地址

    C. 根据域名找到 IP 地址　　　　　　D. 根据主机名找到传输地址

40. 在 IP 网络中，每个 C 类网最多可以挂接 (   ) 台主机。

    A. 254　　　　　　B. 256　　　　　C. 512　　　　　D. 1024

二、简答题

1. 局域网的工作模式有哪几种？什么是对等网络？什么是客户机/服务器网络？

2. IP 地址的分配有哪几种方法？为什么要定义子网掩码？试写出同属于一个子网的 IP 地址为 172.17.7.1 ~ 172.17.7.254 的子网掩码。

3. 有两台计算机它们的 IP 地址分别是 192.168.10.26 和 192.168.20.27，它们之间能否共享彼此的光驱？为什么？

4. 什么是传输介质？局域网使用的传输介质主要有哪些？

5. 为什么要制定 568A 与 568B 这两种标准？它们的区别是什么？

6. 如何提高无线连网的安全性？

7. 如果在连通之后无线路由器的 IP 地址被删除或更改，是否影计算机之间的连通？

8. 写出对本实验的心得和收获。

第2章　网络体系结构和 TCP/IP

一、选择题

1. 在 TCP／IP 中的 UDP 所对应的 OSI 参考模型协议（　　）。
   A. 数据链路层　　　　B. 传输层　　　　　　C. 应用层　　　　　　D. 网络层

2. 以下协议按照其所属网络层次从底层到顶层的顺序(物理层—应用层)排列正确的是（　　）。
   A. HTTP、TCP、IP　　　B. UDP、HTTP、IP　　C. TCP、IP、UDP　　D. IP、UDP、HTTP

3. 关于网络分层结构，下列说法正确的是（　　）。
   A. 某一层可以使用其上一层提供的服务而不需知道服务是如何实现的
   B. 当某一层发生变化时，只要接口关系不变，以上或以下的各层均不受影响
   C. 由于结构彼此分离，实现和维护更加困难
   D. 层次划分越多，灵活性越好，提高了协议效率

4. 以下哪一个选项按顺序包括了 OSI 模型的各个层次（　　）。
   A. 物理层，数据链路层，网络层，传输层，会话层，表示层和应用层
   B. 物理层，数据链路层，网络层，传输层，系统层，表示层和应用层
   C. 物理层，数据链路层，网络层，转换层，会话层，表示层和应用层
   D. 表示层，数据链路层，网络层，传输层，会话层，物理层和应用层

5. Internet 的核心协议是（　　）。
   A. TCP／IP　　　　　　B. ARPANET　　　　C. FTP　　　　　　　D. ISP

6. 网络层主要功能是（　　）。
   A. 数据压缩　　　　　B. 差错控制　　　　C. 数据加密　　　　　D. 路由选择

7. 在 TCP／IP 体系结构模型中，（　　）是属于网络层的协议，主要负责完成 IP 地址向物理地址转换的功能。
   A. ARP 协议　　　　　B. IP 协议　　　　　C. 停止等待协议　　　D. ARQ 协议

8. 在以太网中，当一台主机发送数据时，总线上所有计算机都能检测到这个数据信号，只有数据帧中的目的地址与主机地址一致时，主机才接收这个数据帧。这里所提到的地址是（　　）。
   A. MAC 地址　　　　　B. IP 地址　　　　　C. 端El　　　　　　　D. 地理位置

9. TCP／IP 参考模型中的网络接口层对应了 OSI 参考模型中的（　　）。
   A. 网络层　　　　　　　　　　　　　　B. 数据链路层和物理层
   C. 数据链路层　　　　　　　　　　　　D. 物理层

10. 常用的网络连通性测试命令是通过协议（　　）来实现的。
    A. TCP　　　　　　　B. UDP　　　　　　C. ICMP　　　　　　D. ARP

11. 在 TCP / IP 网络中，为各种公共服务保留的端口号范围是（   ）。

    A. 1 ~ 255   B. 256 ~ 1023   C. 1 ~ 1023   D. 1024 ~ 65535

12. ISO 关于开放互连系统模型的英文缩写为（   ），它把通信服务分成（   ）层。

    A. OSI / EM, 4   B. OSI / RM, 5   C. OSI / EM, 6   D. OSI / RM, 7

13. 对地址转换协议 ARP 描述正确的是（   ）。

    A. ARP 封装在 IP 数据报的数据部分   B. ARP 是采用广播方式发送的

    C. ARP 是用于 IP 地址到域名的转换   D. 发送 ARP 包需要知道对方的 MAC 地址

14. TCP 段头的最小长度是（   ）字节。

    A. 16   B. 20   C. 24   D. 32

15. 某客户端采用 ping 命令检测网络连接故障时，发现可以 ping 通 127.0.0.1 及本机的 IP 地址，但无法 ping 通同一网段内其他工作正常的计算机的 IP 地址。该客户端的故障可能是(   )。

    A. TCP / IP 不能正常工作   B. 本机网卡不能正常工作

    C. 本机网络接口故障   D. DNS 服务器地址设置错误

16. 为了保证连接的可靠建立，TCP 通常采用（   ）。

    A. 三次握手法   B. 窗口控制机制

    C. 自动重发机制   D. 端口机制

17. 下列哪种情况需要启动 ARP 请求？（   ）

    A. 主机需要接收信息，但 ARP 表中没有源 IP 地址与 MAC 地址的映射关系

    B. 主机需要接收信息，但 ARP 表中没有目的 IP 地址与 MAC 地址的映射关系

    C. 主机需要发送信息，但 ARP 表中没有源 IP 地址与 MAC 地址的映射关系

    D. 主机需要发送信息，但 ARP 表中没有目的 IP 地址与 MAC 地址的映射关系

18. 数据链路层中的数据块常被称为（   ）。

    A. 信息   B. 分组   C. 帧   B. 比特流

19. IPv6 地址以十六进制数表示，每 4 个十六进制数为一组，组之间用冒号分隔，下面哪个设备可以隔离 ARP 广播帧（   ）。

    A. 路由器   B. 网桥   C. LAN 交换机   D. 集线器

20. 在 TCP 协议中，采用（   ）来区分不同的应用进程。

    A. 端口号   B. IP 地址   C. 协议类型   D. MAC 地址

21. 传输控制协议 TCP 表述正确的内容是（   ）。

    A. 面向连接的协议，不提供可靠的数据传输

    B. 面向连接的协议，提供可靠的数据传输

    C. 面向无连接的服务，提供可靠数据的传输

    D. 面向无连接的服务，不提供可靠的数据传输

22. 对 UDP 数据报描述不正确的是（   ）。

    A. 是无连接的   B. 是不可靠的   C. 不提供确认   D. 提供消息反馈

23. （   ）是传输层数据交换的基本单位。

    A. 比特   B. 分组   C. 帧   D. 报文段

24. （　　）是传输层协议。

　　A. TCP IP 　　　　　　　　B. TCP 　　　　　　C. FTP 　　　　　　　D. ARP

25. UDP 端号分为熟知端口号和（　　）。

　　A. 永久端口号 　　　　　B. 确认端口号 　　　C. 客户端口号 　　　　D. 临时端口号

26. UDP 报头长度为（　　）。

　　A. 8B 　　　　　　　　　B. 20B 　　　　　　　C. 60B 　　　　　　　D. 不定长

27. TCP 报文中（　　）控制标志有效时，表示有紧急数据。

　　A. ACK 　　　　　　　　　　　　　　　　　　　B. URG

　　C. PSH 三次握手策略要求连接 　　　　　　　　 D. F1N

28. Internet 的网络层含有 4 个重要的协议，分别为（　　）。

　　A. IP、ICMP、ARP、UDP 　　　　　　　　　　B. TCP、ICMP、UDP、ARP

　　C. IP、ICMP、ARP、RARP 　　　　　　　　　　D. UDP、IP、ICMP、RARP

29. ICMP 数据单元封装在（　　）中发送。

　　A. IP 数据报 　　　　　　B. TCP 报文 　　　　C. 以太帧 　　　　　　D. UDP 报文

30. 在 TCP 协议中，建立连接时需要将（　　）字段中的（　　）标志位置 1。

　　A. 保留，ACK 　　　　　B. 保留，SYN 　　　C. 偏移，ACK 　　　　D. 控制，SYN

二、简答题

1. OSI 模型分几层？简述各层的功能。

2. 源主机有个 2000 字节的数据报到达 IP 层，需要经过 MTU 为 1500 字节的网络 1，再经过 MTU 为 576 字节的网络 2 到达目的主机，假设 IP 数据报头部长度为 20 字节，问在传送过程中是如何分片的？

3. 主机 A 和 B 使用 TCP 通信。在 B 发送过的报文段中，有两个连续的报文段：ACK=120 和 ACK=100。这可能吗（前个报文段序号大于后个报文段序号）？试举例说明理由。

4. 与 TCP 相比，UDP 有哪些优点？

第3章 \ Windows 操作系统和服务器配置

一、选择题

1. DNS 是基于（　　）模式的分布式系统。
   A. C／S   B. B／S   C. P2P   D. 以上均不正确
2. 远程登录协议 Telnet、电子邮件协议 SMTP、文件传送协议 FTP 依赖（　　）协议。
   A. TCP   B. LIDP   C. ICMP   D. IGMP
3. FTP Client 发起对 FTP Server 的连接时第一阶段建立（　　）。
   A. 传输连接   B. 数据连接   C. 文件名   D. 控制连接
4. 在 Internet 上，实现超文本传输的协议是（　　）。
   A. Hypertext   B. FTP   C. WWW   D. HTTP
5. 从协议分析的角度，WWW 服务的第一步操作是 WWW 浏览器对 WWW 服务器（　　）。
   A. 请求地址解析   B. 传输连接建立
   C. 请求域名解析   D. 会话连接建立
6. 电子邮件程序向邮件服务器发送邮件时，使用的是简单邮件传送协议 SMTP，而电子邮件程序
   从邮件服务器中读取邮件时，则可使用协议（　　）。
   A. PPP   B. POP3   C. P2P   D. NEWS
7. DNS 的功能是（　　）。
   A. 根据 IP 地址找到 MAC 地址   B. 根据 MAC 地址找到 IP 地址
   C. 根据域名找到 IP 地址   D. 根据主机名找到传输地址
8. 关于 ARP 表，以下描述中正确的是（　　）。
   A. 提供常用目标地址的快捷方式来减少网络流量
   B. 用于建立 IP 地址到 MAC 地址的映射
   C. 用于在各个子网之间进行路由选择
   D. 用于进行应用层信息的转换
9. 浏览器与 Web 服务器通过建立（　　）连接来传送网页。
   A. UDP   B. TCP   C. IP   D. RIP
10. 下面对应用层协议说法正确的有（　　）。
    A. DNS 协议支持域名解析服务，其服务端 15 号为 80
    B. TELNET 协议支持远程登录应用
    C. 电子邮件系统中，发送电子邮件和接收电子邮件均采用 SMTP
    D. FTP 提供文件传输服务，并仅使用一个端口

11. 下列描述错误的是（　　　）。

    A. Telnet 的服务端口为 23　　　　　B. SMTP 的服务端口为 25

    C. HTTP 的服务端 El 为 80　　　　　D. FTP 的服务端口为 31

12. 基于 POP3 协议，当客户机需要服务时，客户端软件（Outlook Express 或 Foxmail）与 POP3 服务器建立（　　　）连接。

    A. TCP　　　　　　B. UDP　　　　　　C. PHP　　　　　　D. IP

13. FTP 使用的传输层协议为（　　　），FTP 的默认的控制端口号为（　　　）。

    A. HTTP，80　　　B. IP，25　　　　　C. TCP，21　　　　　D. UDP，20

14. POP3 是 Internet 中（　　　）服务所使用的协议。

    A. 电子邮件　　　B. WWW　　　　　C. BBS　　　　　　D. FTP

15. 简单邮件传输协议(SMTP)默认的端口号是（　　　）。

    A. 21　　　　　　B. 23　　　　　　C. 25　　　　　　D. 80

16. 使用匿名 FTP 服务，用户登录时常常使用（　　　）作为用户名。

    A. anonymous　　　　　　　　　　B. 主机的 IP 地址

    C. 自己的 E-mail 地址　　　　　　　D. 自己的 IP 地址

17. 在 www.tsinghua.edu.cn 这个完整名称里，（　　　）是主机名。

    A. edu.cn　　　　B. tsinghua　　　C. tsinghua.edu.cn　　　D. www

18. 电子邮件地址由两部分组成，由@符号隔开，基中@符号后为（　　　）。

    A. 用户名　　　　B. 机器名称　　　C. 邮件服务器的域名　　D. 密码

19. 接收电子邮件的协议是（　　　）。

    A. SNMP　　　　B. SMTP　　　　C. TCP　　　　　D. POP3

20. 发送电子邮件的协议是（　　　）。

    A. SNMP　　　　B. SMTP　　　　C. TCP　　　　　D. POP3

二、简答题

1. 简述在 WWW 服务中，客户机浏览器访问 Web 服务器的交互过程。

2. 举例说明域名解析的过程。

3. 简述文件传送协议 FTP 的主要工作过程。

4. 简述 SMTP 通信的 3 个过程。

5. 简述 Internet 的域名结构。

第4章 Linux 操作系统和服务器配置

一、选择题

1. 被称为自由软件之神的 Richard Stallman 在 1984 年建立了（ ）项目，旨在开发一个完全自由的，与 Unix 类似但功能更强大的操作系统。

   A. Minix   B. GNU   C. Emacs   D. Linux

2. Linux 是一个开源的类 Unix 操作系统，它最初是由芬兰人（ ）于 1991 年开发出来的。

   A. Richard Stallman   B. Linus Toralds

   C. Ken Thompson   D. Andrew S. Tanenbaum

3. Linux 文件系统的文件都按其作用分门别类地放在相关的目录中，对于服务器的配置文件，一般放在（ ）目录中。

   A. /bin   B. /etc   C. /dev   D. /lib

4. 使用绝对路径名访问文件是从（ ）开始按目录结构访问某个文件。

   A. 当前目录   B. 用户主目录   C. 根目录   D. 父目录

5. 在 Linux 中，命令解释器是（ ）。

   A. 管道   B. 分级文件系统   C. 字符型处理器   D. shell

6. 当在 Linux 系统中输入命令时，可以按（ ）键自动补齐命令。

   A. Shift   B. Ctrl   C. Esc   D. Tab

7. 使用 ls 查看当前目录下的文件时，通常用（ ）表示目录。

   A. 红色   B. 蓝色   C. 绿色   D. 黑色

8. 在 Linux 中，许多命令都带有选项来增强功能，例如（ ）可以显示当前目录下的所有文件和目录。

   A. ls –a   B. ls–a   C. ls   D. ls –l

9. 为了将当前目录下的文件 a.txt 移动到上级目录下，在权限许可的情况下，可以使用命令（ ）。

   A. cp a.txt .   B. cp a.txt ..   C. mv a.txt .   D. mv a.txt ..

10. 用命令 ls –al 显示出文件 ff 的描述如下所示，由此可知文件 ff 的类型为（ ）。

    `-rwxr-xr-- 1 root root 599 Cec 10 17:12 ff`

    A. 普通文件   B. 硬链接   C. 目录   D. 符号链接

11. Linux 系统中，如果一个文件的权限描述符为 762，则对与文件所有者同组的用户而言，该文件是（ ）的。

    A. 可读   B. 可写   C. 可执行   D. 读/写

12. 当用户 tom 登录到 Linux 系统后，默认情况下他位于目录（ ）下，这个目录称为 tom 用户的 home 目录。

    A.　/etc/tom　　　　　　　B.　/usr/tom　　　　　　C.　/var/tom　　　　　　D.　/home/tom

13. 在 Linux 系统中，如果用户 tom 想切换为用户 jerry，则他应该输入命令（　　　）。

    A.　su　　　　　　　　　B.　su –　　　　　　　　C.　su jerry　　　　　　D.　su – jerry

14. 要想删除用户 user 并同时删除该用户的主目录，可以使用命令（　　　）。

    A.　userdel user　　　　　　　　　　　　　B.　deluser user

    C.　userdel –r user　　　　　　　　　　　D.　deluser –r user

15. 在使用 vi 编辑器的过程中，如果想删除当前光标所在的行，可以输入命令（　　　）。

    A.　XX　　　　　　　　　B.　xx　　　　　　　　　C.　dG　　　　　　　　D.　dd

16. 在 Linux 系统中，当配置好 IP 地址后，可以使用命令（　　　）使新的 IP 地址生效。

    A.　setup　　　　　　　　　　　　　　　B.　service network restart

    C.　service named restart　　　　　　　　D.　service httpd restart

17. 在 Linux 系统中，有两种方式可用来作域名解析，一种是使用 BIND 程序，另一种是使用系统的配置文件，那么这个配置文件的是（　　　）。

    A.　/etc/hosts　　　　　　　　　　　　　B.　/etc/resolv.conf

    C.　/etc/host.conf　　　　　　　　　　　D.　/etc/named.conf

18. （　　　）可以实现 IP 地址和域名的转换。

    A.　Web 服务器　　　　B.　DNS 服务器　　　　C.　数据库服务器　　D.　FTP 服务器

19. 当使用 vsftpd 架设 FTP 服务器时，默认情况下匿名用户可以（　　　）。

    A.　下载文件　　　　　　B.　上传文件　　　　　C.　更改文件名　　　D.　创建目录

20. Apache 服务器是现在最流行的 Web 服务器，它的主配置文件为（　　　）。

    A.　/etc/httpd/conf/httpd.conf　　　　　　B.　/var/httpd/conf/httpd.conf

    C.　/etc/http/conf/http.conf　　　　　　　D.　/var/http/conf/http.conf

二、填空题

1. 在 Linux 系统中，管理员的用户名是_____。

2. Linux 的内核版本号的格式通常为"*主版本号.次版本号.修正号*"，如 2.6.3。如果次版本号为_____，表示该内核是稳定版本。

3. 在权限许可的情况下，可以使用命令_____删除任何一个目录。

4. 当权限允许时，为了删除父目录中的目录 aaa，可以使用命令_____。

5. 在默认情况下，当用户输入登录 Linux 系统时，输入的口令_____显示在屏幕上。

6. 如果系统管理员 root 想添加一个用户 tom，那么可以使用命令_____。

7. 如果系统管理员 root 需要更改用户 tom 的口令，那么可以使用命令_____。

8. 在 Linux 系统下，如果用户 root 想对用户 tom 上锁，以禁止他登录，那么可以输入命令_____。

9. 文本文件 wnt.txt 的权限为-rwxr--r--，那么这个权限用数字可以表示为_____。

10. 使用命令_____可以更改文件和目录的权限，而使用命令_____可以更改文件和目录的属主。

11. 已知文件 aa 为一个文本文件，为了使该文件成为一个所有用户都可执行的文件，可以使用命令_____。

12. 在 vi 编辑器中，如果要从输入模式切换到指令模式，则需要在输入模式按_____键，而在指令模式下输入_____会进入末行模式。

13. 在 vi 编辑器的指令模式下，输入_____命令可以使光标迅速移动到所编辑文件的第 29 行，输入_____命令可以删除整行文本，而输入_____命令可以存盘退出。

14. 在不打开文件 a.txt 的情况下，为了查找该文件中包含 abc 的行，可以使用命令_____。

15. 在 Linux 系统中，如果想解压 foo.tar.gz 文件，可以使用命令_____。

16. 为了从字符终端界面进入到图形界面，可以使用命令_____。

17. 在 Linux 系统中，查看 IP 地址的命令是_____。

18. 在进行网络配置时，可以使用_____命令测试网络中主机之间是否连通。

19. 为了访问位于 IP 地址为 192.168.3.111 的 Web 服务器上的用户 tom 的 public_html 目录下的网页文件 abc.html，可以在浏览器中输入_____。

20. 在 Linux 系统中，修改完某个服务器的配置文件后，为了使该修改生效，应该_____。

第 5 章　网 页 设 计

一、选择题

1. 创建页面内部链接，需要在属性面板的"链接"文本框中先输入（　　　）符号，然后再输入锚点名称。

   A. #　　　　　　　　　　B. $　　　　　　　　　　C. @　　　　　　　　　　D. &

2. 在 Dreamweaver 中设置分框架属性时，要在任何情况下都显示滚动条区域时需要（　　　）。

   A. 设置分框架属性时，设置"滚动"的下拉参数为"默认"

   B. 设置分框架属性时，设置"滚动"的下拉参数为"是"

   C. 设置分框架属性时，设置"滚动"的下拉参数为"否"

   D. 设置分框架属性时，设置"滚动"的下拉参数为"自动"

3. 附加外部样式表的两种方式是（　　　）。

   A. 选择现成的样式表、导入外部 CSS 文件　　B. 链接外部 CSS 文件、导入外部 CSS 文件

   C. 选择现成的样式表、新建 CSS 规则　　　　D. 选择现成的样式表、链接外部 CSS 文件

4. 以下哪种方法可加入网页背景图片（　　　）。

   A. 在"网页属性"对话框中选择"标题"选项卡设置背景图片

   B. 在"网页属性"对话框中选择"外观"选项卡设置背景图片

   C. 在"网页属性"对话框中选择"自定义"选项卡设置背景图片

   D. 直接在网页上插入图片

5. 保存含有图片的网页时（　　　）。

   A. 图片就存在网页文件中　　　　　　　　　B. 图片文件单独存放

   C. 网页存放在图片文件中　　　　　　　　　D. 网页文件和图片文件必须存在一个目录下

6. 外部样式表文件的扩展名为（　　　　）。

   A. .js　　　　　　　B. .dom　　　　　　　C. .htm　　　　　　　D. .css

7. 在图片中设置超链接的说法中正确的是（　　　）。

   A. 图片上不能设置超链接　　　　　　　　　B. 一个图片上只能设置一个超链接

   C. 一个图片上只能设置两个超链接　　　　　D. 一个图片上能设置多个超链接

8. 有关 Dreamweaver CS4 的说法错误的是（　　　）。

   A. 它不能使用 JavaScript 语言　　　　　　B. 它是一款所见即所得的软件

   C. 它具有完善的站点管理功能　　　　　　　D. 它具有强大的多媒体功能

9. Dreamweaver CS4 不支持下列哪种视图。（　　　）

   A. 标准视图　　　　B. 代码视图　　　　C. 设计视图　　　　D. 实时视图

10. 设置文本的属性可以通过（　　　　）来设置。

    A. "文件"面板　　　　　　　　　　　B. "控制"面板

    C. "属性"面板　　　　　　　　　　　D. "启动"面板

11. 在一个网站中，路径表示有哪几种方式。（　　　）

    A. 有绝对路径、根目录绝对路径、文档目录相对路径 3 种方式

    B. 有绝对路径、根目录相对路径两种方式

    C. 有绝对路径、根目录相对路径、文档目录相对路径 3 种方式

    D. 文档目录相对路径、根目录绝对路径两种方式

12. 下列哪一种链接不能在网页中创建。（　　　　）

    A. 链接到其他文档或文件（如图形、影片、PDF 或声音文件）的链接

    B. 命名锚记链接，此类链接可跳转至文档内的特定的位置

    C. 电子邮件链接，此类链接可新建一个收件人地址已经填好的空白的电子邮件

    D. 空链接和脚本链接，此类链接能够在对象上附加行为，但不能创建执行 JavaScript 代码的链接

13. 在 Dreamweaver CS4 中，对表格所进行的操作论述正确的是（　　　　）。

    A. 选择表格中的单个或多个表格都能对单元格进行拆分操作

    B. 在一个表格中，如果所选择的区域是矩形区域可以对其进行拆分操作

    C. 在一个表格中，如果所选择的区域是矩形且连续区域可以对其进行合并操作

    D. 在一个表格中，只能对所选择的非连续的区域才能进行合并操作

14. 在 Dreamweaver 中，下列哪两种视图可以查看和操作表格。（　　　　）

    A. 标准视图和代码视图　　　　　　　B. 代码视图和设计视图

    C. 实时视图和设计视图　　　　　　　D. 代码视图和实时视图

15. 在 Dreamweaver 中，下列关于框架的说法错误的是（　　　　）。

    A. 在 Dreamweaver 中，通过框架可以将一个浏览器窗口划分为多个区域

    B. 除了表格之外，框架也是常用的布局工具

    C. 保存框架是指系统一次就能将整个框架集保存起来，而不是保存单个框架

    D. 每个框架中都独立显示网页内容，几个框架结合在一起就构成框架集

16. 下列哪个事件表示网页装入事件（　　　　）。

    A. onMouseOver　　　B. onMouseOut　　　　C. onClick　　　　　D. onLoad

17. 下列关于行为的说法，错误的是（　　　　）。

    A. 行为即是事件，事件就是行为

    B. 行为是事件和动作的组合

    C. 行为是 Dreamweaver CS4 中预置的 JavaScript 程序库

    D. 使用过行为可以改变对象属性、打开浏览器和播放音乐等

18. 下列关于行为的说法，错误的是（　　　　）。

    A. 行为可以再行为面板中进行编辑

    B. 行为面板中，添加动作(+)是一个菜单列表，其中包含可以附加到当前所选对象的多个行为

    C. 行为面板中，删除事件(−)是从行为列表中删除所选行为的事件，但不删除动作

  D. 上下箭头按钮是将特定事件的所选动作在行为列表中向上或向下移动，以便按定义的顺序执行

19. 下面关于模板的说法，错误的是（ ）。

  A. 模板可以用来统一网站页面的风格

  B. 当模板修改后，套用该模板的所有网页也必须更新。

  C. Dreamweaver 模板是一种特殊类型的文档，它可以一次更新多个页面

  D. 模板实质上就是作为创建其他文档的基础文档

20. 在 Dreamweaver CS4 中设置页面属性时，对"页面属性"对话框中"跟踪图像"选项的描述错误的是（ ）。

  A. 网页排版的一种辅助手段   B. 用来进行图像定位

  C. 只有网页预览时有效   D. 对 HTML 文档并不产生任何影响

二、论述题

1. 如何在 Web 页面中添加多个连续的空格？

2. 在 Dreamweaver CS4 如何新建一个网页？

3. 要在 Dreamweaver MX 2004 中保存当前网页，该如何操作？

4. 简述在 Dreamweaver CS4 中创建站点的方法。

5. 如何进行站点结构规划？

6. 如何设置鼠标经过图像？

7. 设置表格或单元格宽度时用到的像素和百分比有何区别？

8. 怎样选取框架和框架集？怎样删除不需要的框架？

9. 创建模板的方法是什么？如何利用模板创建新文档？

10. 仅用于当前文档的 CSS 样式和外部链接 CSS 样式有何区别？

11. 如何创建 CSS 样式表文件，怎样应用 CSS 样式表文件中的样式？

12. 事件与动作有何关系？

三、操作题

  充分发挥自己的主观能动性和自己的艺术天赋，编写个人介绍性质的网页(例如可包括主页，成长经历、趣闻佚事、兴趣爱好，个人相册等)。

  要求：

1. 网页不少于 5 个 html 文件。

2. 设定网页背景。

3. 网页中用表格定位。

4. 网页中的文字采用 CSS 样式表设定格式。

5. 网页中包含静态图片。

6. 网页中包含超级连接，能够链接到特定的 html、特定的网站和 E-mail 地址。

  注：如果你有好的主题，你的网站内容可以自己确定。

第 6 章 \ 路由器及选路协议基础

一、选择题

1. 关于路由器，下列说法中正确的是（　　）。
   A. 路由器处理的信息量比交换机少，因而转发速度比交换机快
   B. 路由器只提供延迟最小的最佳路由
   C. 通常的路由器可以支持多种网络层协议，并提供不同协议之间的分组转换
   D. 路由器不但能够根据逻辑地址进行转发，而且可以根据物理地址进行转发

2. 关于链路状态协议的描述，（　　）是错误的。
   A. 相邻路由器需要交换各自的路由表　　B. 全网路由器的拓扑数据库是一致的
   C. 采用 flood 技术更新链路变化信息　　D. 具有快速收敛的优点

3. 关于 RIP 距离矢量路由协议，错误的是（　　）。
   A. 简单和额外开销少
   B. 快速收敛，它能够在网络拓扑发生变化时，立即进行路由的重新计算，并及时向其他路由器发送最新的链路状态信息，使得各路由器的链路状态表能够尽量保持一致
   C. 采用网络跳数作为网络距离的度量值，而实际上网络跳数并不能很好地反映网络的带宽、拥塞等状况
   D. 最大度量值的规定限制了网络的规模，使得 RIP 协议不适用于大型网络

4. 下面关于 NAT 技术说法错误的是（　　）。
   A. 网络地址转换技术
   B. 解决 IP 地址不足的主要方法之一
   C. 在内部网络中使用私有 IP 地址
   D. 利用 NAT 网关将域名转换成对应的 IP 地址

5. 路由器使用以下哪个功能来传送网络间的数据包。（　　）
   A. 应用和介质　　　　　　　　　　　B. 路径选择和交换
   C. 广播和冲突检测　　　　　　　　　D. 以上都不是

6. （　　）命令可以把一个网络与一个 RIP 路由选择过程联系起来。
   A. router rip　　　　　　　　　　　B. router rip
      Area *area-id*　　　　　　　　　　　Network *network-number*
   C. router rip　　　　　　　　　　　D. router rip
      Neighbor ip-address　　　　　　　　Show ip route

7. 在 NAT 地址转换中，内部网络使用的私有地址被称为（　　）。
   A. inside local　　　B. inside global　　　C. outside local　　　D. outside global

8. 在一台计算机上键入命令 ipconfig /all，发现机器当前的 IP 地址是 169.254.100.1,下面说法正确的是（　　　）。

   A. PC 一定不能上 Internet

   B. PC 可能上 Internet

   C. 不能判断 PC 是否能上 Internet

   D. 如果也配置了掩码和网关，PC 就可以上 Internet 了

9. 如果想提高路由器的性能，下面哪些可以减少路由器资源的需求。（　　　）

   A. SNMP   B. 自动汇总和前缀聚合

   C. 使用 RIP   D. 使用地址转换

10. RIPv1 和 ospf 的关键区别是（　　　）。

   A. RIPv1 支持认证，ospf 不支持

   B. RIPv2 使用组播，ospf 不使用

   C. RIP1 适合大型网络，OSPF 不适合大型网络

   D. RIPv1 不支持 VLSM，ospf 支持 VLSM；RIPv1 使用跳计数作为度量值，ospf 使用带宽

11. 网络连接如图 2-6-1 所示，要使计算机能访问到服务器，在路由器 R1 中配置静态路由的命令是（　　　）。

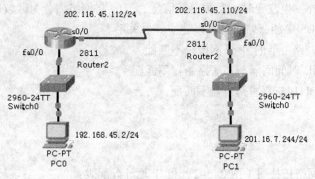

图 2-6-1　网络连接

   A. R1(config)#ip　host　R2　202.116.45.110

   B. R1(config)#ip　network　202.16.7.0　255.255.255.0

   C. RI(config)#ip　host　R2　202.116.45.0　255.255.255.0

   D. R1(config)#ip　route　201.16.7.0　255.255.255.0　202.116.45.110

12. 静态路由是用于末端网络的优选方法的原因是（　　　）。

   A. 静态路由需要较少的路由器资源   B. 静态路由需要较多的路由器资源

   C. 静态路由允许路由器调整网络变化   D. 路由被自动学习

13. ＯＳＰＦ的一个特性是（　　　）。

   A. 适合平铺式网络   B. 私有化

   C. 开放的标准   D. 距离矢量协议

14. Show ip ospf interface 命令的目的是（　　　）。

   A. 显示 OSPF 相关接口的信息   B. 显示 OSPF 的概要信息

   C. 基于接口，显示 OSPF 邻居信息   D. 基于接口类型，显示 OSPF 邻居信息

15. 正确地启动一个 ID 为 100 的 OSPF 进程的命令是（   ）。

    A. Router(config)#router ospf 100

    B. Router(confgi)#network ospf 100

    C. Router(config-router)#network ospf 100

    D. Router(config-router)#network ospf   process-id 100

16. RIP 允许的最大跳数是（   ）。

    A. 6   B. 255   C. 16   D. 15

17. 默认情况下，RIP 广播一次路由更新的间隔时间是（   ）。

    A. 每 10s   B. 每 30s   C. 每 60s   D. 每 3s

18. 以下关于命令 ip route 202.112.81.0 255.255.255.0 202.112.80.99 的说法，正确的是（   ）。

    A. 网络 202.112.81.0 和 202.112.80.0 都使用子网掩码 255.255.255.0

    B. 路由器通过网络 202.112.81.0 到达 202.112.80.99

    C. 路由器使用地址 202.112.80.99 到达网络 202.112.81.0 中设备

    D. 路由器的接口连接到了 202.112.80.0 和 202.112.81.0 两个网络上

19. 链路状态协议支持可变长子网掩码是通过（   ）实现的。

    A. 支持主类地址   B. 发送地址时，包含子网掩码信息

    C. 只在网络拓扑发生改变时，发送更新信息   D. 将网络划分为区域层次

20. （   ）情况下 OSPF 相邻路由器可以建立邻居关系。

    A. 同一网络内，路由器的 IP 子网掩码不匹配

    B. 路由器的 hello 时间间隔与邻居路由器不匹配

    C. 路由器接口 MTU 与邻居路由器不匹配

    D. 以上都不行

二、简答题

1. 以下是一个公司网络拓扑图（图 2-6-2）和 IP 地址分配表：

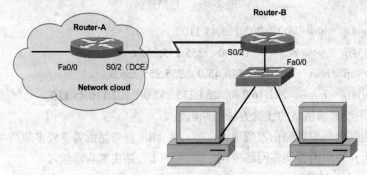

图 2-6-2 公司网络拓扑图

配置表如下：

Router-A		Router-B		PC	
S0/2(DCE)	200.200.200.1/30	Ss0/2(DTE)	200.200.200.2/30	PC1	10.10.10.2/24
F0/0	200.1.1.1/24	F0/0	10.10.10.1/24	PC2	10.10.10.3/24

回答以下问题：

（1）连接交换机与工作站 PC 的传输介质是什么？介质需要做成直通线还是交叉线？最大长度限制为多少？（3 分）

（2）PC1 和 PC2 的配置中，网关应配置为什么？（2 分）

（3）内部网络经由路由器 B 采用 NAT 方式与外部网络通信，为下表中①～③空缺处选择正确答案。

源地址	源端口	目的地址	协议	转换接口	转换后地址
10.10.10.0/24	Any	①	Any	②	③

①　（2 分）备选答案：A. 10.10.10.1.0/24　　B. any　　C. 200.200.200.1

②　（1 分）备选答案：A. s0/2　　　　　　　B. fa0/0

③　（2 分）备选答案：A. 200.200.200.1　　B. 200.1.1.1　　C. 200.200.200.2

2.　下列五个设备构成了一个小型的实验网络，根据下面的信息画出它的拓扑图。表中所有 IP 地址的掩码均为 255.255.255.0。

设备	接口及 IP 地址	接口及 IP 地址
R1	Fa0/0:192.168.14.1	Fa0/1:192.168.12.1
R2	Fa0/0:192.168.23.1	Fa0/1:192.168.12.2
R3	Fa0/0:192.168.23.2	Fa0/1:192.168.34.3
R4	Fa0/0:192.168.34.1	Fa0/1:192.168.14.4
R5	Fa0/0:192.168.23.5	Fa0/1:202.112.88.253

3.　如图 2-6-3 所示，某校园宿舍有两台运行 Windows 2000 的 PC(PC1 和 PC2)连接到一个共享 HUB 上。

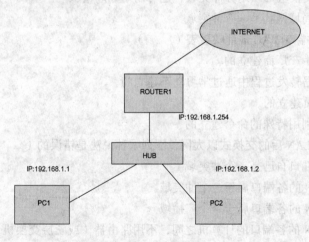

图 2-6-3　示意图

PC1 的 IP:192.168.1.1 255.255.255.0, PC1 的 MAC 地址为 MAC1。

PC2 的 IP:192.168.1.2 255.255.255.0, PC2 的 MAC 地址为 MAC2。

HUB 连接到默认网关路由器,PC1 和 PC2 的默认网关为 192.168.1.254。在 PC2 上运行一个软件,使其读到内存的 MAC 地址为 MAC1(注意不是 MAC2),当 PC1 和互联网上一台主机(比如:www.sina.com.cn)通信时,试说明该主机返回给 PC1 的数据包可以被 PC2 收到,但不会送到 PC2 的应用层。

第 7 章 \ 交换机配置基础

一、选择题

1. 网桥从一端口收到正确的数据帧后，在其地址转发表中查找该帧要到达的目的站，若查找不到，则（   ），若转发表中显示目的站与接收端口相对应，则会（   ）。

   A. 向除该端口以外的桥的所有端口转发此帧，丢弃此帧

   B. 向桥的所有端口转发此帧，向该端口转发此帧

   C. 仅向该端口转发此帧，将此帧作为地址探测帧

   D. 不转发此帧，利用此帧建立该端口的地址转换

2. 以太网交换机根据（   ）转发数据包。

   A. IP 地址　　　　　　B. MAC 地址　　　　　　C. LLC 地址　　　　　　D. PORT 地址

3. 关于冲突域和广播域说法正确的是（   ）。

   A. 集线器和中继连接不同的冲突域

   B. 网桥和二层交换机可以划分冲突域，也可以划分广播域

   C. 路由器和三层交换机可以划分冲突域，也可以划分广播域

   D. 通常来说一个局域网就是一个冲突域

4. 以太网交换机中的端口/MAC 地址映射表（   ）

   A. 是由交换机的生产厂商建立的

   B. 是交换机在数据转发过程中通过学习动态建立的

   C. 是由网络管理员建立的

   D. 是由网络用户利用特殊的命令建立的

5. 对于已经划分了 VLAN 后的交换式以太网，下列哪种说法是错误的（   ）

   A. 交换机的每个端口自己是一个冲突域

   B. 位于一个 VLAN 的各端口属于一个冲突域

   C. 位于一个 VLAN 的各端口属于一个广播域

   D. 属于不同 VLAN 的各端口的计算机之间，不用路由器（或三层交换机）不能连通

6. 当诊断一个局域网问题时，你发现有大量的单播帧，在一个交换机上有大量未知的单播帧最可能消耗（   ）资源。

   A. 交换机上的 MAC 地址　　　　　　　　　　B. 电源

   C. 现有带宽　　　　　　　　　　　　　　　　D. VLAN 表

7. 局域网交换机转发数据帧是基于 OSI 模型的（   ）。

   A. 第一层　　　　　　B. 第二层　　　　　　C. 第三层　　　　　　D. 第四层

8. （ ）命令需要在交换机的特权模式下输出。
   A. show ip　　　　　B. show version　　　C. show running　　　D. show interface
9. CLI 命令（ ）表示是在特权模式下。
   A. switch#　　　　　B. switch>　　　　　C. switch-config　　　D. monitor
10. 生成树是（ ）提供一个无环拓扑的。
   A. 通过将所有端口设置为阻塞状态　　　B. 通过将所有交换机置于阻塞状态
   C. 通过将一些端口置于阻塞状态　　　　D. 通过将一些交换机置于阻塞状态
11. 交换机的根端口通常处于（ ）状态。
   A. 阻塞　　　　　　　B. 学习　　　　　　　C. 监听　　　　　　　D. 转发
12. 快速生成树协议（RSTP）是为解决交换式网络的（ ）而对生成树协议的改进。
   A. 网络扩展　　　　　B. 收敛速度　　　　　C. 路由选择　　　　　D. 冗余拓扑
13. 在 RSTP 中，活动拓扑中包含（ ）两种端口角色。
   A. 根端口和替代端口　　　　　　　　　　B. 根端口和指定端口
   C. 替代端口和备份端口　　　　　　　　　D. 指定端口和备份端口
14. 冗余交换式网络中可能出现的问题是（ ）。
   A. 路由循环　　　　　B. 跳数无穷大　　　　C. 广播风暴　　　　　D. 负载均衡
15. 一个端口可以同时属于（ ）VLAN。
   A. 仅 1 个　　　　　B. 最多 64 个　　　　C. 最多 128 个　　　D. 最多 128 个
16. 当要使 VLAN 跨越交换机时，要用到的特性是（ ）。
   A. 用 TRUNK 连接几台交换机　　　　　B. 用集线器连接几台交换机
   C. 用一台档次高的交换机连接几台交换机　D. 在交换机上多配一些 VLAN
17. 关于 IEEE802.1Q 协议，说法正确的是（ ）。
   A. 思科的私有协议　　　　　　　　　　B. 华为的私有协议
   C. 利用封装的方式为数据帧打标签　　　D. 利用插入的方式为数据帧打标签
18. 两台 PC 连接到同一台交换机上，如果它们在两个不同的 IP 网络上，说法正确的是（ ）。
   A. 需要一台网桥，才能使它们通信
   B. 需要路由器或三层交换机，才能使它们通信
   C. 它们需要连接到不同的交换机上才能通信
   D. 它们无法通信
19. 通过（ ）命令可以查看交换机中 VLAN 的信息。
   A. show vlan　　　　B. show interface　　　C. show ip route　　　D. show trunk
20. （ ）不是静态 VLAN 的优点。
   A. 安全性　　　　　　　　　　　　　　B. 配置容易
   C. 易于监测　　　　　　　　　　　　　D. 加入新的节点，它们会自动配置端口

二、简答题

1. 如图 2-7-1 所示：有三个网桥，所有的端口均为 10Mbps 以太网端口，三个网桥 ID 满足 Bridge1 ID < Bridge2 ID < Bridge3 ID。

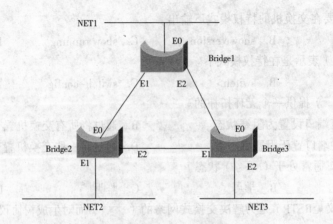

图 2-7-1 网桥示意图

则此网络拓扑的根网桥是_____，Bridge3 的根端口是_____，NET2 的指定端口是_____，Bridge3 的_____端口最后为阻塞状态，Bridge2 与 Bridge3 相连网段的指定端口是_____。

2. ABC 公司的网络拓扑如图 2-7-2 所示，该单位申请到一个合法的 C 类 IP 地址 200.200.1.0/24，准备连接到因特网服务提供者，提供者分给他们一个连网地址 202.112.42.18，子网掩码为 255.255.255.252，服务提供者一端的地址是 202.112.42.17。

（1）请你为该公司的 IP 地址进行规划，考虑到 ABC 公司网络的发展要满足以下条件：

两条 point 到 point 链路、一个有 20 台服务器的以太网段和一个有 96 台机器的以太网段。要求尽量节省 IP 地址，请你为 ABC 公司设计一个 IP 编址方案满足以上要求。

（2）请按以下要求给出路由器和交换机上的配置。

路由器到服务提供商使用默认路由，公司内部使用 OSPF 选路协议，并将默认路由传到整个 OSPF 域。在核心交换机上划分三个 VLAN：100、200 和 300。VLAN100 用于服务器网段，VLAN200 用于 PC 网段，VLAN300 用于和路由器相连的网段。三层交换机上配置 OSPF 协议，但不需要手工配置默认路由。

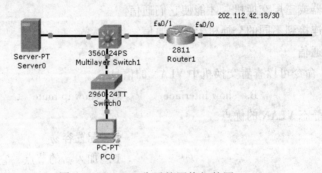

图 2-7-2 ABC 公司的网络拓扑图

第 8 章 \ 网 络 安 全

一、选择题

1. 使网络服务器中充斥着大量要求回复的信息，消耗带宽，导致网络或系统停止正常服务，这属于（　　）攻击类型。
   A. 拒绝服务　　　　　B. 文件共享　　　　C. BIND 漏洞　　　　D. 远程过程调用
2. 为了防御网络监听，最常用的方法是（　　）。
   A. 采用物理传输（非网络）　　　　　　B. 信息加密
   C. 无线网　　　　　　　　　　　　　　D. 使用专线传输
3. 一个数据包过滤系统被设计成只允许你要求服务的数据包进入，而过滤掉不必要的服务。这属于（　　）基本原则。
   A. 最小特权　　　　　B. 阻塞点　　　　　C. 失效保护状态　　　D. 防御多样化
4. 向有限的空间输入超长的字符串是（　　）攻击手段。
   A. 缓冲区溢出　　　　B. 网络监听　　　　C. 拒绝服务　　　　　D. IP 欺骗
5. 主要用于加密机制的协议是（　　）。
   A. HTTP　　　　　　　B. FTP　　　　　　C. TELNET　　　　　D. SSL
6. 用户收到了一封可疑的电子邮件，要求用户提供银行账户及密码,这属于（　　）手段。
   A. 缓存溢出攻击　　　B. 钓鱼攻击　　　　C. 暗门攻击　　　　　D. DDOS 攻击
7. 在以下认证方式中，最常用的认证方式是（　　）。
   A. 基于账户名／口令认证　　　　　　　B. 基于摘要算法认证
   C. 基于 PKI 认证　　　　　　　　　　　D. 基于数据库认证
8. 不属于防止口令猜测的措施是（　　）。
   A. 严格限定从一个给定的终端进行非法认证的次数
   B. 确保口令不在终端上再现
   C. 防止用户使用太短的口令
   D. 使用机器产生的口令
9. 不属于系统安全的技术是（　　）。
   A. 防火墙　　　　　　B. 加密狗　　　　　C. 认证　　　　　　　D. 防病毒
10. 不属于预防病毒技术范畴的技术是（　　）。
    A. 加密可执行程序　　　　　　　　　　B. 引导区保护
    C. 系统监控与读写控制　　　　　　　　D. 校验文件

11. 电路级网关的软/硬件类型是（　　）类型。

    A．防火墙   B．入侵检测软件   C．端口   D．商业支付程序

12. 按密钥的使用个数，密码系统可以分为（　　）。

    A．置换密码系统和易位密码系统   B．分组密码系统和序列密码系统

    C．对称密码系统和非对称密码系统   D．密码系统和密码分析系统

13. 在网络安全中，中断指攻击者破坏网络系统的资源，使之变成无效的或无用的。这是对（　　）。

    A．可用性的攻击   B．保密性的攻击   C．完整性的攻击   D．真实性的攻击

14. 下面关于防火墙正确的说法是（　　）。

    A．防火墙可以解决来自内部网络的攻击

    B．防火墙可以防止受病毒感染的文件在网络中传输

    C．防火墙会减弱计算机网络的性能

    D．防火墙可以防止错误的网络配置给网络带来的安全威胁

15. 由于系统软件和应用软件配置错误而产生的安全漏洞，属于（　　）。

    A．意外情况处置错误   B．设计错误

    C．配置错误   D．环境错误

16. 一份好的计算机安全解决方案，不仅考虑到技术，还要考虑到的是（　　）。

    A．软件和硬件   B．机房和电源   C．策略和管理   D．加密和认证

17. 为了提高电子设备的防电磁泄露和抗干扰能力，可采取的主要措施是（　　）。

    A．对机房进行防静电处理   B．对机房进行防潮处理

    C．对机房进行防尘处理   D．对机房或电子设备进行电子屏蔽处理

18. 假设使用一种加密算法，它的加密算法很简单，将每一个字母的值加5，即a加密成f。这种算法的密钥是5，那么它属于（　　）。

    A．对称加密技术   B．分组加密技术

    C．公钥加密技术   D．单项函数加密技术

19. 根据美国联邦调查局的评估，80%的攻击和入侵来自（　　）。

    A．接入网   B．企业IP网   C．个人网   D．企业内部网

20. 关于机房供电的要求和方式，说法不正确的是（　　）。

    A．电源统一管理技术   B．电源过载保护技术和防雷击计算机

    C．电源和设备有效接地技术   D．不同途电源分离技术

21. 入侵检测是一门新兴的安全技术，是作为（　　）之后的第二层防护措施。

    A．路由器   B．交换机   C．服务器   D．防火墙

二、简答题

1. 计算机网络安全主要技术有哪些？

2. 防火墙的主要功能有哪些？

3. 什么是入侵检测？入侵检测系统的结构组成是什么？

4. 什么是计算机病毒？它的危害有哪些？

5. 计算机网络安全的基本原则是什么？

6. 防火墙和入侵检测的作用分别是什么？
7. 什么是 DOS 和 DDOS 攻击？
8. 主动入侵和被动入侵之间的区别是什么？
9. 简要说明在 IPSEC 中，AH 协议和 ESP 协议所提供服务的主要区别。
10. 为实现下述功能的防火墙提供一张过滤表和一张连接表，该防火墙允许所有内部用户和外部用户建立 TELNET 会话；允许外部用户浏览公司 202.22.1.1 的 Web 站点；其他的入流量和出流量均被阻止。

第9章　综合练习

1. 采用海明码进行差错校验,信息码字为 1001011,为纠正一位错,则需要（　　）比特冗余位。

   A. 2　　　　　　　　B. 3　　　　　　　　C. 4　　　　　　　　D. 8

2. 在通信子网中,下列说法正确的是（　　）。

   A. 如果通信子网所有结点均正常工作,则分组不可能被投送到错误的目的结点

   B. 如果数据链路层协议能正确工作,则端到端通信一定可靠

   C. 广域网中的计算机采用层次结构方式进行编址

   D. 多数局域网技术都使用 IP 地址进行通信

3. 电路交换方式的优点是（　　）。

   A. 信道利用率高　　　　　　　　　　　B. 数据传输可靠、实时性好

   C. 不需要建立电路连接　　　　　　　　D. 适合数据传输持续时间不长的通信

4. 对数据报服务,（　　）。

   A. 先发出的分组一定先到达目的结点

   B. 每个分组都必须携带完整的目的地址

   C. 不同的分组必须沿同一路径到达目的结点

   D. 流量控制容易实现

5. 下面关于帧中继的说法不正确的是（　　）。

   A. 使用虚拟的租用线路　　　　　　　　B. 吞吐量高时延低

   C. 使用简单协议　　　　　　　　　　　D. 提供流量控制

6. 脉码调制 PCM（　　）。

   A. 将模拟信号转化为数字信号　　　　　B. 将数字信号转化为模拟信号

   C. 采样频率愈高,则失真愈小　　　　　D. 失真度不受采样频率的影响

7. 下面说法错误的是（　　）。

   A. 宽带信号是将基带信号进行调制后形成的频分复用模拟信号

   B. 频分多路复用的各路信号是串行的,时分多路复用是并行的

   C. 频分多路复用较适合于模拟信号,时分多路复用较适用于数字信号

   D. 波分复用是在同一光纤里同时传输不同波长的光信号

8. 设生成多项式 $G(x)=x^6+x+1$,则所生成的 CRC 码冗余位数为（　　）。

   A. 2　　　　　　　　B. 3　　　　　　　　C. 5　　　　　　　　D. 6

9. 下面的说法正确的是（　　）。

   A. 在滑动窗口机制中,如果帧序号用 n 位二进制表示,则发送窗口尺寸和接收窗口尺寸之和必须小于或等于 2^n

B. 对带宽为 6MHz 的无噪声信道，它的最大数据率为 12Mbit/s

C. 802.3MAC 帧的最大帧长为 1500 字节

D. X.25 工作在 OSI 的第二层，着重于数据的快速传输

10. 下述协议中，（　　）不是数据链路层的标准。
　　A. ICMP　　　　B. SDLC　　　　C. PPP　　　　D. SLIP

11. 802.3MAC 帧中的 DA 字段全"1"，则表示（　　）。
　　A. 无效地址　　B. 广播地址　　C. 组地址　　D. 本服务器地址

12. 以太网采用曼彻斯特编码，为的是（　　）。
　　A. 在信道上传输模拟信号　　　　B. 节省信道带宽
　　C. 接收方能够提取同步时钟信号　　D. 提高数据传输率

13. 以太网中使用的成帧方法是（　　）。
　　A. 字符计数法　　　　B. 字符填充法
　　C. 比特填充法　　　　D. 物理层编码违例法

14. 下面标准中包括 CSMA／CD、令牌总线和令牌环的标准是（　　）。
　　A. IEEE 801　　B. IEEE 802　　C. IEEE 803　　D. IEEE 804

15. 下面说法错误的是（　　）。
　　A. LLC 子层不涉及网络的拓扑结构和传输介质
　　B. 令牌环协议规定只有获得令牌的站点才能发送数据帧
　　C. 10BASE—2 和 10BASE—T 采用相同的数据链路层协议
　　D. FDDI 的物理层采用曼彻斯特编码

16. 若 10Mbps 的 CSMA／CD 局域网的结点最大距离为 2km，信号在媒体中的传播速度为 2×10^8 m／s，该网的最短帧长是（　　）。
　　A. 100bit　　B. 200 bit　　C. 300 bit　　D. 400 bit

17. 关于无线局域网，下面叙述中正确的是（　　）。
　　A. 802.11a 和 802.11b 都可以在 2.4GHz 频段工作
　　B. 802.11b 和 802.11g 都可以在 2.4GHz 频段工作
　　C. 802.11a 和 802.11b 都可以在 5GHz 频段工作
　　D. 802.11b 和 802.1g 都可以在 5GHz 频段工作

18. ARP 的作用是由 IP 地址求 MAC 地址，ARP 请求是广播发送，ARP 响应是（　　）发送。
　　A. 单播　　B. 组播　　C. 广播　　D. 点播

19. 关于交换机，下面说法中错误的是（　　）。
　　A. 以太网交换机根据 MAC 地址进行交换
　　B. 帧中继交换机根据虚电路号 DLCI 进行交换
　　C. 二层交换机根据网络层地址进行转发，并根据 MAC 地址进行交换
　　D. AIM 交换机根据虚电路标识和 MAC 地址进行交换

20. 某公司网络的地址是 202.110.128.0／17，下面的选项中，（　　）属于这个网络。
　　A. 202.110.44.0／17　　　　B. 202.110.162.0／20
　　C. 202.110.144.0／16　　　　D. 202.110.24.0／20

21. 在 TCP／IP 网络中，为各种公共服务保留的端口号范围是（   ）。

    A. 1～255   B. 256～1023   C. 1～1023   D. 1024～65535

22. 下面哪一个不是静态路由算法（   ）。

    A. 最短路径路由选择   B. 扩散法

    C. 链路状态路由选择   D. 基于流量的路由选择

23. 关于 OSPF 协议，错误的是（   ）。

    A. 支持可变长子网掩码，可以支持在一个网络中使用多级子网 IP 地址

    B. 提高了网络结点的可达性，因为它突破了距离矢量路由协议对跳数的限制，支持网络中具有更多的网络结点

    C. 提供最佳路由的选择，组合了网络链路的多种性能指标来计算最佳路由

    D. 存在慢速收敛的问题，即网络中部分路由器所获得的路由信息存在不一致的情况，一些旧的失效的路由信息可能会长时间地存在，导致一些转发错误或循环路由

24. ICMP 协议有多种控制报文。当网络中出现拥塞时，路由器发出（   ）报文。

    A. 路由重定向   B. 目标不可到达   C. 源抑制   D. 子网掩码请求

25. 在 TCP 数据段的布局格式中，头开始的固定格式长度是（   ）。

    A. 20 字节   B. 24 字节   C. 32 字节   D. 36 字节

26. TCP 是互联网中的传输层协议，TCP 进行流量控制的方式是（   ），当 TCP 实体发出连接请求(SYN)后，会等待对方的（   ）响应。

    A. 使用停等 ARQ 协议，RST   B. 使用后退 N 帧 ARQ 协议，FIN、ACK

    C. 使用固定大小的滑动窗口协议，SYN   D. 使用可变大小的滑动窗口协议，SYN、ACK

27. 对于 4kHz 的电话，每秒采样 8k 次，如用 8bit 来表示每个采样值，若要传 32 路电话，则要求信道带宽为（   ）。

    A. 2.048 Mbps   B. 1.544 Mbps   C. 64kbps   D. 3.2Mbps

28. 下面关于 DPSK 调制技术的描述，正确的是（   ）。

    A. 不同的码元幅度不同

    B. 利用调制信号前后码元之间载波相对相位的变化

    C. 由四种相位不同的码元组成

    D. 由不同的频率组成不同的码元

29. ISO 关于开放互连系统模型的英文缩写为（   ），它把通信服务分成（   ）层。

    A. OSI／EM，4   B. OSI／RM，5   C. OSI／EM，6   D. OSI／RM，7

30. 网络上唯一标识一个进程需要用一个（   ）。

    A. 一元组（服务端口号）

    B. 二元组（主机 IP 地址，服务端口号）

    C. 三元组（主机 IP 地址，服务端口号，协议）

    D. 五元组（本机 IP 地址，本地服务端口号，协议，远程主机 IP 地址，远程服务端口号）

31. 下面说法错误的是（   ）。

    A. 中国公用数据分组交换网（CHINAPAC）由 X.25 协议支持

    B. 异步传输模式．ATM 利用信元（Ce11）来传输所有的信息

C. N–ISDN 是电路交换的数字系统

D. 计算机网络传输差错控制是由数据链路层完成的

32. 关于 IEEE 802. 3 的 CSMA／CD 协议，下面结论中错误的是（　　）。

A. CSMA／CD 是一种解决访问冲突的协议

B. CSMA／CD 协议适用于所有的 802.3 以太网

C. 在网络负载较小时，CSMA/CD 协议的通信效率很高

D. 这种网络协议适合传输非实时数据

33. 对地址转换协议 ARP 描述正确的是（　　）。

A. ARP 封装在 IP 数据报的数据部分　　　　B. ARP 是采用广播方式发送的

C. ARP 是用于 IP 地址到域名的转换　　　　D. 发送 ARP 包需要知道对方的 MAC 地址

34. 关于 TCP／IP 的 IP 层协议描述不正确的是（　　）。

A. 点到点的协议　　　　　　　　　　　　B. 不能保证 IP 报文的可靠传送

C. 无连接的数据报传输机制　　　　　　　D. 每一个 IP 数据包都需要对方应答

35. 下面的关于 TCP／IP 的传输层协议表述不正确的是（　　）。

A. 进程寻址　　　　　　　　　　　　　　B. 提供无连接服务

C. 提供面向连接的服务　　　　　　　　　D. IP 寻址

36. 对三层网络交换机描述不正确的是（　　）。

A. 能隔离冲突域　　　　　　　　　　　　B. 只工作在数据链路层

C. 通过 VLAN 设置能隔离广播域　　　　　D. VLAN 之间通信需要经过三层路由

37. 路由器的缺点是（　　）。

A. 不能进行局域网连接　　　　　　　　　B. 成为网络瓶颈

C. 无法隔离广播　　　　　　　　　　　　D. 无法进行流量控制

38. 关于 OSPF 协议，下列说法错误的是（　　）。

A. OSPF 的每个区域(Area)运行路由选择算法的一个实例

B. OSPF 路由器向各个活动端口组播 Hello 分组来发现邻居路由器

C. Hello 协议还用来选择指定路由器，每个区域选出一个指定路由器

D. OSPF 协议默认的路由更新周期为 30s

39. 如要将 138. 10. 0. 0 网络分为 6 个子网，则子网掩码应设为（　　）。

A. 255. 0. 0 0　　　　　　　　　　　　　B. 255. 255. 0. 0

C. 255. 255. 128. 0　　　　　　　　　　　D. 255. 255. 224. 0

40. 若子网掩码为 255. 255. 0. 0，下列哪个 IP 地址与其他地址不在同一网络中（　　）。

A. 172. 25. 15. 200　　　　　　　　　　　B. 172. 25. 16. 15

C. 172. 25. 25. 200　　　　　　　　　　　D. 172. 35. 16. 15

41. IP 地址 255. 255. 255. 255 称为（　　）。

A. 广播地址　　　　B. 有限广播地址　　　　C. 回路地址　　　　　　D. "0" 地址

42. 用集线器连接的工作站集合（　　）。

A. 同属一个冲突域，也同属一个广播域

B. 不属一个冲突域，但同属一个广播域

C. 不属一个冲突域，也不属一个广播域

D. 同属一个冲突域，但不属一个广播域

43. 下面协议中不属于应用层协议的是（　　　）。

    A. TCP、TELNET   B. ICMP、ARP

    C. SMTP、POP3   D. HTTP、SNMP

44. 从一个工作站发出一个数据包的第一个比特开始到该比特到达接收方为止的时延称为（　　　），它取决于（　　　）。

    A. 传输时延，网卡的传输速率   B. 传播时延，信道的传播速率

    C. 传输时延，信道的传播速率   D. 传播时延，网卡的传输速率

45、下列媒体访问协议中没有冲突的协议是（　　　）。

    A. 1–支持 CSMA   B. AlOHA

    C. CSMA / CD   D. TOKEN RING

46. 802.3 以太网最小传送的帧长度为（　　　）个 8 位组。

    A. 1500   B. 32   C. 256   D. 64

47. 下面说法错误的是（　　　）。

    A. 冲突窗口是从数据发送到最远的两个站之间信号传播时延两倍时间

    B. OSPF 路由协议是链路状态的路由算法，RIP 路由协议是距离向量路由算法

    C. SMTP 服务端端口号为 23，TELNET 服务端 SoCket 端口号为 25

    D. 网络上两个进程之间进行通信需要用一个五元组（本地主机地址，本地端口号，协议，远程主机地址，远程端口号）来标识

48. TCP 段头的最小长度是（　　　）字节。

    A. 16   B. 20   C. 24   D. 32

49. TCP 是互联网中的传输层协议，使用（　　　）次握手协议建立连接。这种建立连接的方法可以防止（　　　）。

    A. 1，出现半连接   B. 2，无法连接

    C. 3，产生错误的连接   D. 4，连接失效

50. 某客户端采用 ping 命令检测网络连接故障时，发现可以 ping 通 127.0.0.1 及本机的 IP 地址，但无法 ping 通同一网段内其他工作正常的计算机的 IP 地址。该客户端的故障可能是（　　　）。

    A. TCP / IP 不能正常工作   B. 本机网卡不能正常工作

    C. 本机网络接口故障   D. DNS 服务器地址设置错误

51. 以下关于 FTP 和 TFTP 描述中，正确的是（　　　）。

    A. FTP 和 TFTP 都基于 TCP

    B. FTP 和 TFTP 都基于 UDP

    C. FTP 基于 TCP，TFTP 基于 UDP

    D. FTP 基于 UDP，TFTP 基于 TCP

52. TCP / IP 在多个层次引入了安全机制，其中 TLS 协议位于（　　　）。

    A. 数据链路层   B. 网络层   C. 传输层   D. 应用层

53. 关于防火墙的功能，以下（　　）描述是错误的。

　　A. 防火墙可以检查进出内部网的通信量

　　B. 防火墙可以使用应用网关技术在应用层上建立协议过滤和转发功能

　　C. 防火墙可以使用过滤技术在网络层对数据包进行选择

　　D. 防火墙可以阻止来自内部的威胁和攻击

54. 某银行为用户提供网上服务，允许用户通过浏览器管理自己的银行账户信息。为保障通信的安全，该 Web 服务器可选的协议是（　　）。

　　A. POP　　　　　　　B. SNMP　　　　　　　C. HTTP　　　　　　　D. HTTPS

55. 对于带宽为 3kHz 的无噪声信道，假设信道中每个码元信号的可能状态数为 16，则该信道所能支持的最大数据传输率可达（　　）。

　　A. 24kbit/s　　　　　B. 48kbit/s　　　　　C. 12kbit/s　　　　　D. 72kbit/s

56. 在 El 载波中，每个子信道的数据速率是（　　）。

　　A. 32 kbit/s　　　　B. 64 kbit/s　　　　C. 72 kbit/s　　　　D. 96 kbit/s

57. 在异步通信中，每个字符包含 1 位起始位、7 位数据位、1 位奇偶位和 2 位终止位，若每秒钟传送 100 个字符，有效数据速率为（　　）。

　　A. 500bit/s　　　　　B. 700bit/s　　　　　C. 770bit/s　　　　　D. 1100bit/s

58. RS—232C 的电气特性规定逻辑"0"的电平电压为（　　）。

　　A. +5~+15V　　　B. 0~+5V　　　　　C. −5~0V　　　　　D. −15~−5V

59. 数据链路层中的数据块常被称为（　　）。

　　A. 信息　　　　　　B. 分组　　　　　　　C. 帧　　　　　　　D. 比特流

60. 帧中继的复用放在（　　）。

　　A. 物理层　　　　　B. 数据链路层　　　　C. 网络层　　　　　D. 传输层

61. 下列各种数据通信网中，（　　）网不支持虚电路方式。

　　A. X.25　　　　　　B. FR　　　　　　　　C. ATM　　　　　　D. DDN

62. 网络层的主要目的是（　　）。

　　A. 在邻接结点间进行数据包传输　　　　　B. 在邻接结点间进行数据包可靠传输

　　C. 在任意结点间进行数据包传输　　　　　D. 在任意结点间进行数据包可靠传输

63. 关于 TCP / IP 的 IP 层协议描述不正确的是（　　）。

　　A. 是点到点的协议　　　　　　　　　　　B. 不能保证 IP 报文的可靠传送

　　C. 是无连接的数据报传输机制　　　　　　D. 每一个 IP 数据包都需要对方应答

64. IP 地址为 224.0.0.11 属于（　　）类地址。

　　A. A　　　　　　　B. B　　　　　　　C. D　　　　　　　D. C

65. 私网地址用于配置公司内部网络，下面选项中，（　　）属于私网地址。

　　A. 128.168.10.1　　　　　　　　　B. 10.128.10.1

　　C. 127.10.0.1　　　　　　　　　　D. 172.15.0.1

66. 如要将 138.10.0.0 网络分为 6 个子网，则子网掩码应设为（　　）。

　　A. 255.0.0.0　　　　　　　　　　B. 255.255.0.0

　　C. 255.255.128.0　　　　　　　　D. 255.255.224.0

67. IPv6 地址以十六进制数表示，每 4 个十六进制数为一组，组之间用冒号分隔，IPv6 地址 ADBF：0000：FEEA：0000：0000：00EA：00AC：DEED 的简化写法是（　　　　）。

　　A. ADBF：0：FEEA：0：EA：AC：DEED

　　B. ADBF：0：FEEA：：EA：AC：DEED

　　C. ADBF：0：FEEA：EA：AC：DEED

　　D. ADBF：：FEEA：：EA：AC：DEED

68. 下列各种网络互联设备中，不能隔离冲突域的是（　　　　）。

　　A. IP 路由器　　　　B. 以太网交换机　　　　C. 以太网集线器　　　　D. 透明网桥

69. 下列哪个设备可以隔离 ARP 广播帧（　　　　）。

　　A. 路由器　　　　　B. 网桥　　　　　　　C. LAN 交换机　　　　　D. 集线器

70. 数据传输率为 10Mbps 的以太网，其物理线路上信号的波特率是（　　　　）。

　　A. 10MHz　　　　　B. 20MHz　　　　　　C. 30MHz　　　　　　　D. 40MHz

71. 以太网的 CSMA／CD 协议采用坚持型监听算法。与其他监听算法相比，这种算法的主要特点是（　　　　）。

　　A. 传输介质利用率低，冲突概率也低　　　B. 传输介质利用率高，冲突概率也高

　　C. 传输介质利用率低，但冲突概率高　　　D. 传输介质利用率高，但冲突概率低

72. 100BASE-FX 采用 4B／5B 和 NRZ-I 编码，这种编码方式的效率为（　　　　）。

　　A. 50%　　　　　　B. 60%　　　　　　　C. 80%　　　　　　　　D. 100%

73. 冲突窗口是指网络上最远的两个站点通信时（　　　　）。

　　A. 从数据发送开始到数据到达接收方为止的时间

　　B. 从冲突发生开始到发送方检测到冲突为止的时间

　　C. 从冲突发生开始到接收方检测到冲突为止的时间

　　D. 从数据发送开始到数据到达接收方为止的时间的两倍

74. 在平均往返时间 RTT 为 20ms 的快速以太网上运行 TCP／IP，假设 TCP 的最大窗口尺寸为 64KB，问此 TCP 所能支持的最大数据传输率是（　　　　）。

　　A. 3.2Mbit/s　　　B. 12.8Mbit/s　　　　C. 25.6Mbit/s　　　　D. 51.2Mbit/s

75. 下面说法正确的是（　　　　）。

　　A. 数字传输系统一般不能采用 FDM 方式

　　B. LAN 交换机既能隔离冲突域，又能隔离广播域

　　C. X.25 和 FR 都提供端到端差错控制功能

　　D. TCP 只支持流量控制，不支持拥塞控制

76. 下面说法错误的是（　　　　）。

　　A. 距离-向量路由算法最优路径计算的复杂度要比链路-状态路由算法最优路径计算的复杂度大

　　B. 对模拟信号进行数字化的技术称为脉码调制 PCM 技术

　　C. 通过以太网上接入到 Internet 的主机，必须在主机上配置一个默认网关的 IP 地址（不考虑采用代理和 DHCP 服务器的情形）

　　D. ARP 协议只能用于将 IP 地址到以太网地址的解析

77. 在 TCP 协议中，采用（　　）来区分不同的应用进程。

   A. 端口号　　　　　　B. IP 地址　　　　　　C. 协议类型　　　　　　D. MAC 地址

78. 防火墙系统采用主要技术是（　　）。

   A. 对通过的数据包进行加密

   B. 对通过的数据包进行过滤

   C. 对通过的数据包进行正确性检测

   D. 对通过的数据包进行完整性检测

79. 下列描述错误的是（　　）。

   A. Telnet 的服务端口为 23　　　　　　B. SMTP 的服务端口为 25

   C. HTTP 的服务端 El 为 80　　　　　　D. FTP 的服务端口为 31

80. 网络管理的基本功能不包括（　　）。

   A. 故障管理　　　　B. 性能管理　　　　　　C. 配置管理　　　　　　D. 资产管理

81. 基于 POP3 协议，当客户机需要服务时，客户端软件(Outlook Express 或 Foxmail)与 POP3 服务器建立（　　）连接。

   A. TCP　　　　　　B. UDP　　　　　　　C. PHP　　　　　　　　D. IP

82. FTP 使用的传输层协议为（　　），FTP 的默认的控制端口号为（　　）。

   A. HTTP, 80　　　B. IP, 25　　　　　　C. TCP, 21　　　　　　D. UDP, 20

83. 关于多模光纤，下面的描述中描述错误的是（　　）。

   A. 多模光纤的芯线由透明的玻璃或塑料制成

   B. 多模光纤包层的折射率比芯线的折射率低

   C. 光波在芯线中以多种反射路径传播

   D. 多模光纤的数据速率比单模光纤的数据速率高

84. 在综合布线系统中，从某一建筑物中的主配线架延伸到另外一些建筑物的主配线架的连接系统被称为（　　）。

   A. 建筑群子系统　　　　　　　　　　B. 工作区子系统

   C. 水平子系统　　　　　　　　　　　D. 垂直干线子系统

85. T1 载波每个信道的数据传输速率为（　　），T1 信道的传输速率为（　　）。

   A. 32Kbit/s, 1.544Mbit/s　　　　　　B. 56kbit/s, 2.048Mbit/s

   C. 64Kbit/s, 1.544Mbit/s　　　　　　D. 96kbit/s, 2.048Mbit/s

86. 设信道带宽为 4000Hz，调制为 4 种不同的码元，根据 Nyquist 定理，理想信道的数据速率为（　　）。

   A. 10Kbit/s　　　　B. 16Kbit/s　　　　　　C. 24Kbit/s　　　　　　D. 64Kbit/s

87. 下面的说法（　　）是正确的。

   A. CRC 循环冗余码能够检测出各种错误

   B. 当网络负荷增加到一定程度时，网络吞吐量保持恒定

   C. LLC 帧格式中不含有校验是因为 LAN 信道误码率很低，不需要校验

   D. 纠错码比检错码需要更多的冗余位

88. 滑动窗口的作用是（　　）。

    A. 流量控制　　　　B. 拥塞控制　　　　C. 路由控制　　　　D. 差错控制

89. Internet 属于（　　）。

    A. 对等网　　　　　B. 局域网　　　　　C. Novell 网　　　　D. 网间网

90. 管理 Internet 的协议为（　　）。

    A. ISO / OSI　　　　B. TTP　　　　　　C. IPX　　　　　　D. TCP / IP

91. 下列哪个协议不是 IP 层的协议（　　）。

    A. IP　　　　　　　B. ARP　　　　　　C. MAC　　　　　　D. ICMP

92. 传输控制协议 TCP 表述正确的内容是（　　）。

    A. 面向连接的协议，不提供可靠的数据传输

    B. 面向连接的协议，提供可靠的数据传输

    C. 面向无连接的服务，提供可靠数据的传输

    D. 面向无连接的服务，不提供可靠的数据传输

93. 802.3 以太网可传送帧的数据长度最大为（　　）个 8 位组。

    A. 64　　　　　　　B. 32　　　　　　　C. 256　　　　　　D. 1500

94. 在以太网协议中使用 1–坚持型监听算法的特点是（　　）。

    A. 能及时抢占信道，但增大了冲突的概率

    B. 能即使抢占信道，并减小了冲突的概率

    C. 不能及时抢占信道，并增大了冲突的概率

    D. 不能及时抢占信道，但减小了冲突的概率

95. 令牌环协议的主要优点是（　　）。

    A. 能够方便地增加网络站点　　　　B. 可以发送广播信息

    C. 轻负载时效率较高　　　　　　　D. 重负载时效率较高

96. 在生成树协议 STP 中，根交换机是根据（　　）来选择的。

    A. 最小的 MAC 地址　　　　　　　B. 最大的 MAC 地址

    C. 最小的交换机 ID　　　　　　　D. 最大的交换机 ID

97. 无线局域网(VLAN)标准 IEEE 802.11g 规定的最大数据传输速率是（　　）。

    A. 1 Mbit/s　　　　B. 11 Mbit/s　　　　C. 5 Mbit/s　　　　D. 54 Mbit/s

98. 以下对 IP 地址分配中描述不正确的是（　　）。

    A. 网络 ID 不能全为 1 或全为 0

    B. 同一网络上每台主机必须有不同的网络 ID

    C. 网络 ID 不能以 127 开头

    D. 同一网络上每台主机必须分配唯一的主机 ID

99. 若子网掩码为 255. 255. 0. 0，则下列哪个 IP 地址不在同一网段中（　　）。

    A. 172. 25. 15. 201　　　　　　　B. 172. 25. 16. 15

    C. 172. 16. 25. 16　　　　　　　D. 172. 25. 201. 15

100. 有4个子网：10.1.201.0／24、10.1.203.0／24、10.1.207.0／24 和 10.1.199.0／24，经路由汇聚后得到的网络地址是（　　　）。

  A. 10.1.192.0／20   B. 10.1.192.0／21

  C. 10.1.200.0／2l   D. 10.1.224.0／20

101. 开放最短路径优先协议（OSPF）采用（　　　）算法计算最佳路由。

  A. DynamiC-SearCh   B. Bellman-ForD

  C. Dijkstra   D. Spanning-tree

102. 在自治系统内部实现路由器之间自动传播可达信息、进行路由选择的协议称为（　　　）。

  A. EGP   B. BGP   C. IGP   D. GGP

103. 对网际控制协议（ICMP）描述错误的是（　　　）。

  A. ICMP 封装在 IP 数据报的数据部分   B. ICMP 消息的传输是可靠的

  C. ICMP 是 IP 的必需的一个部分   D. ICMP 可用来进行拥塞控制

104. 对 UDP 数据报描述不正确的是（　　　）。

  A. 是无连接的   B. 是不可靠的

  C. 不提供确认   D. 提供消息反馈

105. TELNET 通过 TCP／IP 在客户机和远程登录服务器之间建立一个(　　　)。

  A. UDP   B. ARP   C. TCP   D. RARP

106. 简单网络管理协议工作在（　　　）层，使用（　　　）层协议进行通信。

  A. 传输层、网络层   B. 应用层、传输层

  C. 会话层、传输层   D. 应用层、网络层

107. 下面说法正确的是（　　　）。

  A. 按覆盖范围，计算机网络可以划分为局域网、城域网、广域网和互联网四种

  B. 模拟信号和数字信号是两种完全不同的信号，无法进行相互转换

  C. 基于虚电路的通信技术就是电路交换技术

  D. 网络互连的主要目的是为了将多个小的网络连接起来构成一个大的网络

108. 下面说法错误的是（　　　）。

  A. IP 层是 TCP／IP 实现网络互连的关键，但 IP 层不提供可靠性保障，所以 TCP／IP 网络中没有可靠性机制

  B. 在局域网中，不存在独立的通信子网

  C. TCP／IP 可以用于同一主机上不同进程之间的通信

  D. 网络文件系统（NFS）基于 UDP 提供透明的网络文件访问

109. 下面基于 L-S（链路状态）的路由协议的是（　　　）。

  A. RIP   B. OSPF   C. BGP Frame   D. Relay

110. 简单邮件传输协议（SMTP）默认的端口号是（　　　）。

  A. 21   B. 23   C. 25   D. 80

111. SNMP 采用 IYDP 提供数据报服务，这是由于（　　　）。

  A. UDP 比 TCP 更加可靠

  B. UDP 数据报文可以比 TCP 数据报文大

  C. UDP 是面向连接的传输方式

  D. 采用 UDP 实现网络管理不会太多增加网络负担

112. 传输速率单位 bps 代表（　　　）。

  A. bytes per second   B. bits per second

  C. baud per second   D. billion per second

113. 对于域名为 www.hi.com.cn 的主机，下面说法正确的是（　　　）。

  A. 它一定支持 FTP 服务   B. 它一定支持 WWW 服务

  C. 它一定支持 DNS 服务   D. 以上说法都是错误的

114. 域名与 IP 地址的转换是通过（　　　）服务器完成的。

  A. DNS   B. WWW   C. E-mail   D. FTP

115. www.cernet.edu.cn 是 Internet 上一台计算机的（　　　）。

  A. IP 地址   B. 域名   C. 协议名称   D. 命令

116. 对地址 http://www.whu.edu.cn 提供的信息，说法错误的是（　　　）。

  A. http 指该 Web 服务器适用于 Http 协议

  B. WWW 指该节点在 Word Wide Web 上

  C. edu 属于政府机构

  D. whu 服务器在武汉大学

117. www.zsu.edu.cn 指的是 Internet 上一台（　　　）。

  A. 域名服务器   B. Web 服务器   C. FTP 服务器   D. 代理服务器

118. 在 www.tsinghua.edu.cn 这个完整名称里，（　　　）是主机名。

  A. edu.cn   B. tsinghua   C. tsinghua.edu.cn   D. www

119. 工业和信息化部要建 www 网站，其域名的后缀应该是（　　　）。

  A. com.cn   B. edu.cn   C. gov.cn   D. ac

120. 在 Internet 上，军事机构网址的后缀一般为（　　　）。

  A. com   B. org   C. net   D. mil

121. 在 Internet 上，网址 www.microsoft.com 的 com 表示（　　　）。

  A. 访问类型   B. 访问文本文件   C. 访问商业性网站   D. 访问图形文件

122. 关于 Internet 域名系统的描述中，错误的是（　　　）。

  A. 域名解析需要一组既独立又协作的域名服务器

  B. 域名服务器逻辑上构成一定的层次结构

  C. 域名解析总是从根域名服务器开始

  D. 递归解析是域名解析的一种方式

123. 应用层 DNS 协议主要用于实现（　　　）网络服务功能。

  A. 网络设备名字到 IP 地址的映射   B. 网络硬件地址到 IP 地址的映射

  C. 进程地址到 IP 地址的映射   D. 用户名到进程地址的映射

124. 以下 URL 的表示，错误的是（　　　）。

  A. http://netlab.abc.edu.cn   B. ftp://netlab.abc.edu.cn

  C. gopher://netlab.abc.edu.cn   D. unix://netlab.abc.edu.cn

125. 因特网中域名解析依赖于一棵由域名服务器组成的逻辑树。请问在域名解析过程中，请求域名解析的软件不需要知道以下（　　）信息。
    I. 本地域名服务器的名称
    Ⅱ. 本地域名服务器父节点的名称
    Ⅲ. 域名服务器树根节点的名称
    A. I 和 Ⅱ　　　　B. I 和 Ⅲ　　　　C. Ⅱ 和 Ⅲ　　　　D. I、Ⅱ 和 Ⅲ

126. 以下 URL 中错误的是（　　）。
    A. html://abe.com　　　　　　　　B. http://abc.con
    C. ftp://abc.com　　　　　　　　　D. gopher://abc.com

127. 在因特网中，请求域名解析的软件必须知道（　　）。
    A. 根域名服务器的 IP 地址　　　　B. 任意一个域名服务器的 IP 地址
    C. 根域名服务器的域名　　　　　　D. 任意一个域名服务器的域名

128. 以匿名方式访问 FTP 服务器时的合法操作是（　　）。
    A. 文件下载　　　　　　　　　　　B. 文件上传
    C. 运行应用程序　　　　　　　　　D. 终止网上运行的程序

129. HTTP 是（　　）的英文缩写。
    A. 文件传输协议　　　　　　　　　B. 域名服务
    C. 超文本传输协议　　　　　　　　D. 远程登录

130. 下面提供 FTP 服务的默认 TCP 端口号是（　　）。
    A. 21　　　　B. 25　　　　C. 23　　　　D. 80

131. 将数据从 FTP 客户端传送到 FTP 服务器，称为（　　）数据。
    A. 上传　　　　B. 下载　　　　C. FTP　　　　D. BBS

132. 在 Internet 的基本服务功能中，文件传输所使用的命令是（　　）。
    A. ftp　　　　B. telnet　　　　C. mail　　　　D. open

133. 如果 sam.exe 文件存储在一个名为 ok.edu.cn 的 ftp 服务器上，那么下载该文件使用的 URL 为（　　）。
    A. http://ok.edu.cn / sam.exe　　　B. ftp://ok.edu.cn / sam.exe
    C. rtsp://ok.edu.cn / sam.exe　　　D. mns://ok.edu.cn / sam.exe

134. 以下应用层协议中，与邮件服务有关的协议是（　　）。
    A. TFTP　　　　B. SMTP　　　　C. SNMP　　　　D. HTTP

135. 电子邮件地址 Wang@263.net 中没有包含的信息是（　　）。
    A. 发送邮件服务器　　　　　　　　B. 接收邮件服务器
    C. 邮件客户机　　　　　　　　　　D. 邮箱所有者

136. 下面协议中，（　　）不是一个传送 E-mail 的协议。
    A. SMTP　　　　B. POP　　　　C. TELNET　　　　D. MIME

137. E-mail 发送信件时需知道对方的地址。在下列表示中，（　　）是一个合法、完整的 E-mail 地址。
    A. center.zjnu.edu.cn@userl　　　B. userl@center.zjnu.edu.cn

C.　userl.center.zjnu.edu.cn　　　　　　　　D.　userl\$center.Zjnu.edu.cn

138.　接收电子邮件的协议是（　　　）。

　　　A.　SNMP　　　　　B.　SMTP　　　　　C.　TCP　　　　　D.　POP3

139.　电子邮件的协议是（　　　）。

　　　A.　SNMP　　　　　B.　SMTP　　　　　C.　TCP　　　　　D.　POP3

140.　电子邮件地址由两部分组成，由 "@" 符号隔开，其中 "@" 符号前为（　　　）。

　　　A.　用户名　　　　　　　　　　　　　　B.　机器名

　　　C.　邮件服务器的域名　　　　　　　　　D.　密码

141.　当用户向 ISP 申请 E-mail 账户时，用户的 E-mail 账户中应包括（　　　）。

　　　A.　邮件服务器的 IP 地址　　　　　　　B.　WWW 地址

　　　C.　用户密码　　　　　　　　　　　　　D.　用户名与用户密码

142.　在电子邮件中所包含的信息（　　　）。

　　　A.　只能是文字　　　　　　　　　　　　B.　只能是文字与图形图像信息

　　　C.　只能是文字与声音信息　　　　　　　D.　可以是文字、声音和图形图像信息

143.　将 hmchang@online.sh.on 称为（　　　）。

　　　A.　E-mail 地址　　　　　　　　　　　　B.　IP 地址

　　　C.　域名　　　　　　　　　　　　　　　D.　URL

144.　关于因特网中的 WWW 服务，以下说法中错误的是（　　　）。

　　　A.　WWW 服务器中存储的通常是符合 HTML 规范的结构化文档

　　　B.　WWW 服务器必须具有创建和编辑 Web 页面的功能

　　　C.　WWW 客户端程序也被称为 WWW 浏览器

　　　D.　WWW 服务器也被称为 Web 站点

145.　关于 WWW 服务，以下说法中错误的是（　　　）。

　　　A.　WWW 服务采用的主要传输协议是 HTTP

　　　B.　WWW 服务以超文本方式组织网络多媒体信息

　　　C.　用户访问 Web 服务器可以使用统一的图形用户界面

　　　D.　用户访问 Web 服务器不需要知道服务器的 URL 地址

146.　在 Internet 上浏览时，浏览器和 Web 服务器之间传输网页使用的协议是（　　　）。

　　　A.　IP　　　　　　　B.　HTTP　　　　　C.　FTP　　　　　D.　Telnet

147.　HTTP 是一种（　　　）。

　　　A.　程序设计语言　　　　　　　　　　　B.　域名

　　　C.　超文本传输协议　　　　　　　　　　D.　网址

148.　"万维网" 是指（　　　）。

　　　A.　ISP　　　　　　B.　WWW　　　　　C.　POP　　　　　D.　SMTP

149.　WWW 向用户提供信息的基本单位是（　　　）。

　　　A.　链接点　　　　　B.　超文本　　　　　C.　网页文件　　　　D.　超链接

150.　要在 Web 浏览器中查看某一公司的主页，必须知道的是（　　　）。

　　　A.　该公司的电子邮件地址　　　　　　　B.　该公司的主机名

C.　自己所在计算机的主机名　　　　　　D.　该公司的 WWW 地址

151.　World Wide Web 简称万维网，下列叙述中错误的是（　　　）。

　　A.　WWW 和 E-mail 是 Internet 最流行和最重要的两个服务

　　B.　WWW 是 Internet 的一个子集

　　C.　一个 Web 文档可以包含文字、图片、声音和视频片段

　　D.　WWW 是另外一种 Internet

152.　URL 指的是（　　　）。

　　A.　统一资源定位符　　　　　　　　　B.　Web 服务器

　　C.　IP　　　　　　　　　　　　　　　D.　主页

153.　准确地说，要用网页浏览器打开一个网页时，浏览器的地址栏中应填入网页的（　　　）。

　　A.　IP 地址　　　　B.　域名　　　　　　C.　地址　　　　　D.　统一资源定位符

154.　WWW 中超链接的定位信息是由（　　　）标识的。

　　A.　超文本技术　　　　　　　　　　　B.　统一资源定位符

　　C.　超文本标注语言 HTMI.　　　　　　D.　超媒体技术

155.　TCP 和 UDP 的一些端口保留给一些特定的应用使用。为 HTTP 协议保留的端口号为（　　　）。

　　A.　TCP 的 80 端口　　　　　　　　　B.　UDP 的 80 端口

　　C.　TCP 的 25 端　　　　　　　　　　D.　UDP 的 25 端口

156.　Web 页面通常利用超文本方式进行组织，这些相互链接的页面（　　　）。

　　A.　必须放置在用户主机上

　　B.　必须放置在同一主机上

　　C.　必须放置在不同主机上

　　D.　既可以放置同一主机上，也可以放置在不同主机上

习 题 答 案

第 1 章　计算机网络基础

选择题:

1. B	2. D	3. C	4. D	5. D	6. A	7. B	8. A	9. B	10. D
11. D	12. B	13. D	14. C	15. D	16. C	17. A	18. B	19. C	20. D
21. C	22. B	23. C	24. A	25. C	26. D	27. A	28. C	29. C	30. D
31. D	32. B	33. A	34. C	35. B	36. D	37. D	38. A	39. C	40. A

第 2 章　网络体系结构和 TCP/IP 协议

选择题:

1. B	2. D	3. B	4. A	5. A	6. D	7. B	8. A	9. B	10. C
11. C	12. D	13. B	14. B	15. C	16. A	17. B	18. C	19. A	20. A
21. B	22. D	23. B	24. B	25. C	26. A	27. B	28. C	29. A	30. D

第 3 章　Windows 操作系统和服务器配置

选择题:

1. A	2. A	3. D	4. D	5. C	6. B	7. C	8. B	9. B	10. B
11. D	12. A	13. C	14. A	15. C	16. A	17. D	18. C	19. D	20. B

第 4 章　Linux 操作系统和服务器配置

选择题:

1. B	2. B	3. B	4. C	5. D	6. D	7. B	8. A	9. D	10. A
11. D	12. D	13. D	14. C	15. D	16. B	17. A	18. B	19. A	20. A

填空题:

1. root　　　　2. 偶数　　　3. rm –rf　　　　　4. rm –rf ../aaa　　　5. 不会

6. adduser tom　　7. passwd tom　　8. passwd –l tom 或者 usermod -L tom

9. 744　　　10. chmod　chown　　　　11. chmod a+x aa　　　12. ESC :

13. 29G　dd :*wq*　　　　　14. grep abc a.txt　　15. tar zxvf foo.tar.gz　　16. startx

17. Ifconfig　　18. ping　　19. http://192.168.3.111/~tom/abc.html

20. service *服务名* restart 或者 /etc/init.d/*服务名* restart

第 5 章   网页设计

选择题:

| 1. A | 2. B | 3. B | 4. B | 5. B | 6. D | 7. D | 8. A | 9. A | 10. C |

11. C 12. D 13. C 14. B 15. C 16. D 17. A 18. C 19. B 20. C

第 6 章   路由器及选路协议基础

选择题:

1. C 2. A 3. B 4. D 5. B 6. B 7. A 8. A 9.B 10. D

11. D 12. A 13. C 14. A 15. A 16. D 17. B 18. C 19. B 20. D

第 7 章   交换机配置基础

选择题:

1. A 2. B 3. C 4. B 5. B 6. C 7. B 8. C 9.A 10. C

11. D 12. B 13. C 14. C 15. A 16. A 17. C 18. B 19. A 20. D

第 8 章   网络安全

选择题:

1. A 2. B 3. A 4. A 5. D 6. B 7. A 8. B 9. B 10. A

11. A 12. C 13. A 14. C 15. C 16. C 17. D 18. D 19. D 20. A

21. D

第 9 章   综合练习

选择题:

1. B 2. C 3. B 4. B 5. D 6. A 7. B 8. D 9. A 10. A

11. B 12. C 13. D 14. A 15. D 16. B 17. B 18. A 19. D 20. B

21. C 22. D 23. D 24. C 25. A 26. D 27. A 28. B 29. D 30. B

31. D 32. B 33. B 34. B 35. D 36. B 37. B 38. D 39. B 40. D

41. B 42. A 43. B 44. B 45. D 46. D 47. C 48. B 49. C 50. C

51. C 52. B 53. D 54. C 55. A 56. B 57. B 58. A 59. C 60. B

61. D 62. C 63. D 64. C 65. B 66. D 67. B 68. C 69. A 70. B

71. B 72. C 73. B 74. C 75. A 76. D 77. A 78. B 79. D 80. C

81. A 82. C 83. D 84. A 85. B 86. B 87. D 88. A 89. D 90. D

91. C 92. B 93. C 94. A 95. D 96. C 97. D 98. B 99. C 100. A

101. C 102. C 103. B 104. D 105. C 106. B 107. A 108. A 109. B 110. C

111. D 112. B 113. B 114. A 115. B 116. C 117. B 118. C 119. C 120. D

121. C 122. C 123. A 124. D 125. D 126. A 127. A 128. A 129. C 130. A

.131. A 132. A 133. A 134. B 135. C 136. C 137. B 138. D 139. B 140. A
141. D 142. D 143. A 144. B 145. D 146. B 147. C 148. B 149. A 150. D
151. D 152. A 153. D 154. B 155. A 156. D